数字化与生成式人工智能丛书

纺织服装高等教育“十四五”部委级规划教材

AIGC生成式人工智能

服装设计

贾玺增 主 编

邓 云 毕 然 丛小棠 崔 苗 贾玺增 著

东華大學出版社·上海

图书在版编目（CIP）数据

AIGC生成式人工智能服装设计 / 贾玺增主编; 邓云等著. --上海: 东华大学出版社, 2025. 1. --ISBN 978-7-5669-2479-7

Ⅰ. TS941.2-39

中国国家版本馆CIP数据核字第20242QM204号

策划编辑：陈　珂
责任编辑：张力月
装帧设计：上海三联读者服务合作公司

AIGC生成式人工智能服装设计

AIGC SHENGCHENGSHI RENGONG ZHINENG FUZHUANG SHEJI

主　编：贾玺增
著　者：邓 云　毕 然　丛小棠　崔 苗　贾玺增
出　版：东华大学出版社（上海市延安西路1882号，邮政编码：200051）
本 社 网 址：dhupress.dhu.edu.cn
天猫旗舰店：http://dhdx.tmall.com
营 销 中 心：021-62193056　62373056　62379558
印　刷：上海盛通时代印刷有限公司
开　本：889mm × 1198mm　1/16
印　张：16
字　数：390千字
版　次：2025年1月第1版
印　次：2025年1月第1次印刷
书　号：ISBN 978-7-5669-2479-7
定　价：98.00元

总序

当今，人工智能（Artificial Intelligence，简称AI）技术的发展日新月异。它以前所未有的速度，引领了一场技术革命，深刻地重塑着社会的每一个角落。这一变革不仅渗透进了科技领域，更如同一股强劲的飓风，席卷了设计界，颠覆了传统的设计方式、设计流程和设计模式。

作为人工智能领域的重要分支，生成式人工智能（Artificial Intelligence Generated Content，简称AIGC）是一种基于算法和模型，能学习并生成具有逻辑的文本、图片、音频、视频、代码等新内容的技术。该技术的成熟和介入标志着设计工作由人力设计到智能辅助设计的重大转变。它不仅拓展了设计工作的界定范围，也带来了创新方法、评价体系和人文层面的新挑战。从工作效率而言，生成式人工智能使得许多原本费时、费力、烦琐的工作变得快速、简单和高效。

未来，生成式人工智能技术会进一步推动艺术与技术的深度融合，激发更多创作可能，共同促进文化、产业与社会的进步。设计师们不再局限于传统的绘图板和设计软件，而是能够借助AI强大的算力与学习能力，实现设计灵感的快速捕捉、设计方案的智能优化以及设计效果的精准预测。人工智能具有非确定性特征，生成的随机性拓宽了人类的设计想象和创意边界，使得无限量创新设计成为可能，这一切都极大地变革了传统设计的美学形态和常规需求。当然，生成式人工智能技术为人类既带来便利与创新，也引发对艺术本质的反思。人工智能技术是工具而非目的，艺术的深度与独特性不可替代。

步入人工智能的新纪元时代，对艺术设计教育变革人才培养体系、加快转型发展提出了迫切的需求。面对人工智能带来的挑战与机遇，设计教育与设计实践必须与时俱进，培养出既具备扎实设计基础，又掌握AI技术应用的复合型人才。时不我待，人工智能设计的课程、教材和教法，正在加速进入艺术院校人才培养的舞台，随之而来的将是教师角色的重塑、教学内容的革新、学习方式的转变以及评价模式的深刻变革。

在人工智能快速变革设计产业和教育体系的宏观背景下，清华大学美术学院贾玺增老师站在时代的前沿，以前瞻性的视野敏锐地捕捉着行业的变化与发展趋势，积极响应时代的变革，主动拥抱基于人工智能设计带来的产业升级。贾玺增老师主编的“数字化与生成式人工智能丛书”（纺织服装高等教育“十四五”部委级规划教材），是他和团队成员近几年学术研究、实践应用的教学成果和经验总结。该丛书深入浅出，理论联系实际，图文并茂地阐述了生成式人工智能设计的基本原理、工作流程、设计方法、应用思路，列举了大量应用案例。该丛书既可以作为本科、研究生课程教材，也可以为设计行业从业者、艺术爱好者、普通读者提供一个全面、系统的学习思路。

相信这套丛书一定能助力这场由人工智能驱动的设计革命，为中国设计产业快速发展和理论建设增砖添瓦。

清华大学美术学院院长、教授、博士生导师

2024年12月

序

当今时代，智能数字化科技发展的产物——人工智能，正以前所未有的速度重塑着我们的现实世界，将原本只存在于想象中的事物瞬间描绘成现实。文生文、文生图、文生音乐、文生视频等，一项接一项的与人工智能相关的技术名词闪现在大众眼前。

从计算智能到感知智能，再到认知智能的进阶发展，这意味着人工智能技术的不断成熟与深化。在这一发展过程中，AIGC的崛起无疑是一个重要的里程碑，也象征着人工智能从1.0时代向2.0时代的跨越。生成式人工智能的爆发得益于多种技术的累积与融合，包括GANs（生成对抗网络）、Transformer模型（转换器模型）、Diffusion模型（扩散模型）、预训练模型、多模态技术以及生成算法等。这些技术为生成式人工智能提供了强大的技术支持，使其能够生成具有创意和多样性的内容，涵盖文学、艺术、音乐、游戏等多个创作领域。最近几年，生成式人工智能相关的话题在社交媒体上爆炸式传播，引起了大众的广泛关注。毫不夸张地说，AIGC不仅对当今的设计格局产生重要影响，还正在重塑设计工作流程和创作方式。

AIGC的设计生成能力，不仅使设计师们的工作负担与时间成本得以大幅度削减，还加快了服装设计专业人士的工作速度和工作效率，激发了大众对时尚设计的浓厚兴趣与创作热情，降低了时尚设计领域的技术门槛，拉平了专业与非专业之间的专业壁垒和技术门槛。服装设计工作人员可以将自己的想法浓缩在AI模型中，通过高速的AIGC技术即时生成符合创意的文本、图像和视频。当然，其快速生成的巨量内容，也极大地丰富了服装设计师们的想象和创作空间。

在人工智能时代，AIGC将在更多领域展现其潜力，进一步推动社会的数字化转型。我们需要把握住这个机遇，以对未来设计趋势的敏锐洞察，掌握其基本原理和设计方法，不断积累技术经验，提升工作效率，提升个人技能与竞争优势。当然，在推进这一进程中，我们也面临着一系列需要厘清的重要问题：AIGC在艺术领域处理的问题与侧重维度是什么？AIGC与服装设计流程的隐形关系该如何梳理出来？AIGC到底在何种意义上可以为设计师提供新实践的帮助？面对这些问题，本书以理论结合应用案例的形式，深入浅出地阐述了AIGC基本概念与原理，介绍了如何利用人工智能技术辅助设计、优化流程、提升效率，系统地讲解了生成式人工智能服装设计领域的款式、色彩、风格、面料、图案、配饰、模特设计等方面内容的各项方法和技巧。相信本书将会为服装行业的从业者、设计人员、设计专业的学生以及服装设计爱好者提供关于生成式人工智能服装设计领域的全面、系统、专业性的指导，帮助读者洞悉服装设计领域的前沿趋势与技术发展，拓宽设计思路，熟练掌握生成式人工智能服装设计的方法。

需要说明的是，本书《AIGC生成式人工智能服装设计》是“江阴—清华创新引领行动专项资助项目：生成式人工智能（AIGC）在服装品牌产品研发中的创新设计方法与理论构建研究（2024JYTH11）”的阶段学术成果之一。封面作者排名顺序不分先后，其中，主题策划、内容构思、文图把关和统稿工作由贾玺增完成，第二、三章由崔苗完成，其他章节内容由邓云、毕然、丛小棠、贾玺增共同完成。

祝大家学习快乐、知行合一！

贾玺增

清华大学美术学院博士生导师

清华海澜中国传统服饰与色彩研究中心副主任

2024年9月16日

目录

第一章 概 述 001

第二章 AIGC在服装款式设计中的应用 023

第三章　AIGC 在服装色彩设计中的应用　065

第四章　AIGC 在服装风格设计中的应用　093

第五章　AIGC 在服装面料设计中的应用　125

第六章　AIGC 在服装图案设计中的应用　153

第七章　AIGC在服装配饰设计中的应用　185

第八章　AIGC在服装模特设计中的应用　211

第一章
概　述[1]

人工智能的广泛应用增强了设计过程的可扩展性和跨学科设计能力，从而帮助设计师突破传统设计过程中的各种限制，推动了设计的智能进化，逐渐将设计过程从“机器辅助的设计者创造”转变为“设计者评价的机器创造”。具体来说，将机器学习技术，如反向传播神经网络、遗传算法、卷积神经网络和生成对抗网络应用于最优设计解决方案搜索、设计决策和设计解决方案的自动生成。[2] 这一演变中最值得注意的应用之一是生成式人工智能内容。在时尚设计领域，AIGC作为一股新兴的技术力量，正在对传统的设计方法和理念产生深远的影响。自2022年出现以来，它在设计领域已产生巨大影响。[3] 它的存在不仅大大降低了时尚设计创作的门槛，提高了工作效率，还让更多人能够体验到艺术创作的乐趣。设计过程中的转变反映了从传统的、手工的技术向更先进的方向发展，为设计师们提供了更广阔的创意空间。挑战和机遇兼而有之，需要不断探索和创新，以更好地应对未来的变化。毋庸置疑，AI已经渗透到我们当代生活的方方面面。这些应用不仅可以提高内容生产的效率，还提供了更加个性化和高质量的内容体验，尤其在设计领域革新了传统方法并引入了新的范式[4]。但目前尚缺少针对设计学科的详细AIGC定义，尤其需要对AIGC与服装设计协作创新与设计流程的独特性和复杂性作进一步探索。因此，有必要针对AIGC在不同领域应用的定义进行总结，总结AIGC在服装设计领域中的定义，梳理其协作流程，为后续学术研究提供参考。

1　本文发表于《东华大学学报(社会科学版)》2024年12月第24卷第4期——《人工智能生成式内容(AIGC)服装设计的定义、特点与协同创新》，作者：贾秀增、张馨翌、于小利。

2　HSIAO S W, et al. Applying a hybrid approach based on fuzzy neural network and genetic algorithm to product form design [J]. Int J Ind Ergon, 2005,35(5): 411-428.

3　Chor-Kheng Lim. From Pencil To Pixel: The Evolution of Design Ideation Tools [J]. ACCELERATED DESIGN, Proceedings of the 29th International Conference of the Association for Computer Aided Architectural Design Research in Asia (CAADRIA), 2024(3): 90.

4　JAVAID M., HALEEM A, SINGH R P. A study on ChatGPT for Industry 4.0: Background, potentials, challenges, and eventualities [J]. Journal of Economy and Technology, 2023(1): 127-143.

第一节 基本概念

目前，学术界对于AIGC概念的定义还没有达成完全一致的意见，争议在于AIGC是指AI技术生成的内容，还是指具有生成和创造能力的技术[1]。2022年，中国信息通信研究院发布的《生成式人工智能内容白皮书》则采取一种整合视角，认为AIGC“既是从内容生产者视角进行分类的一类内容，又是一种内容生产方式，还是用于内容自动化生成的一类技术集合[2]”。毋庸置疑的是，AIGC是伴随着网络形态演化和人工智能技术变革产生的一种新的生成式网络信息内容[3]，也是继专业生成内容（professionally-generated content，简称PGC）、用户生成内容（user-generated content，简称UGC）后由人主导的AI生成内容[4]。这是对AIGC的通用基础认识，但不同学科领域AIGC应用的关注点有所不同，因此本节对AIGC在各领域的定义、特点进行梳理和总结。

一、AIGC的定义

有国内学者从管理学角度总结出系统性定义，认为AIGC分狭义和广义两种：狭义的AIGC指的是机器学习和深度学习算法的人工智能系统技术，在既有数据训练的基础上生成有意义、可利用的多媒体信息集合，包括文本、图像、音频、视频、计算机代码等，兼具半客观的物质属性和认知上的半知识属性；广义的AIGC是指生成式信息（Generative information）本身及其相关的技术、设备、人员、资金等各种因素，其中AIGC是本资源，AIGC人员是元资源，AIGC技术是表资源。AIGC内容、AIGC技术和AIGC人员构成一个完整的信息资源集合子集。[5] 国外学者总结的AIGC定义强调了其生成技术、生成内容、人类的参与和机器学习模型，反映出AIGC作为一种新兴技术在当今数字化时代的重要性和发展潜力。表1-1列出了国外学者具有代表性的术语定义，涵盖了计算机、医学等领域。由表1-1可知，定义的共性在于它们都关注生成的媒体内容，包括文本、图像、视频、三维互动和其他媒体等。其中计算机领域关注人类的参与，即用户生成内容（UGC）、专业知识，即专业生成内容（PGC）。医学领域关注转化式的机器学习模型及其训练模型的训练、用户生成内容。

AIGC的特点主要包括自动化、创造性、多模态、多样化、延伸性等，如图1-1所示。自动化是指AIGC是由人工智能模型自动生成的，用户只需向经过训练的人工智能模型提供任务描述等输入信息，即可有效获取生成的内容。从输入到输出的过程无需用户参与，由人工智能模型自动完成。创造性是指AIGC具有创新性的想法。例如，AIGC被认为正在引领一种新职业的发展，这

1 李旭光，胡奕，王曼，等.生成式人工智能内容研究综述：应用、风险与治理［J］.图书情报工作，2024(17)：136-137.

2 中国信息通信研究院.生成式人工智能内容(AIGC)白皮书(2022年)［EB/OL］.(2024-03-23)［2024-12-03］. http：//www.caict.ac.cn/kxyj/qwfb/bps/202209/P020220902534520798735.pdf.

3 李白杨，白云，詹希旎，等.生成式人工智能内容(AIGC)的技术特征与形态演进［J］.图书情报知识，2023,40(1)：66-74.

4 翟尤，李娟. AIGC发展路径思考：大模型工具化普及迎来新机遇［J］. 互联网天地，2022(11)：22-27.

5 朱禹，陈关泽，叶继元.生成式人工智能内容(AIGC)的本质属性及其对信息资源管理学科的影响［J］.信息资源管理学报，2024(9)：4-10.

表 1-1 AIGC的定义

年份	作者	定义	视角	
			学科领域	关注点
2023	Lin Geng Foo, Hossein Rahmani, Jun Liu	使用人工智能算法生成文本、图像、视频、3D效果和其他媒体[1]	计算机	生成的媒体内容
2023	Stephanie Thomas, Megan Taylor, Brandon Anderson, et al	从技术上讲是在人类指令的指导下，利用生成式人工智能算法生成满足指令要求的内容，从而帮助和指导模型完成任务。这一生成过程通常包括两个步骤：从人类指令中提取意图信息和根据提取的意图生成内容[2]	计算机	人类的参与
2024	J. D.Chavan, C. R. Mankar, V.M.Patil	通过接受人类指令并从中获取意图信息，然后利用这些信息根据其专业知识生成内容[3]	计算机	人类的参与、专业知识
2023	David Oniani, Jordan Hilsman, Yifan Peng, et al	"现代性"定义，是一种基于转化式的机器学习模型，以机器学习方法为主导，该方法利用统计算法和大量数据逐步提高模型性能。该模型利用统计算法和大量数据进行训练，并针对提示生成有价值的数据再进行优化[4]	医学	训练模型、机器学习方法、生成数据
2024	Boscardin Christy K, Gin Brian, Golde Polo Black, et al	用于描述训练参数生成新内容（如文本、图像或音乐）模型的一个术语。通过互联网资源、已发表的文本和图像进行训练，以各种对话或学术风格对用户提供的提示作出响应，包括期刊论文、学术演示文稿和各种其他格式（例如诗歌、博客、编程代码和脚本）[5]	医学	训练模型、生成媒体内容、人类的参与

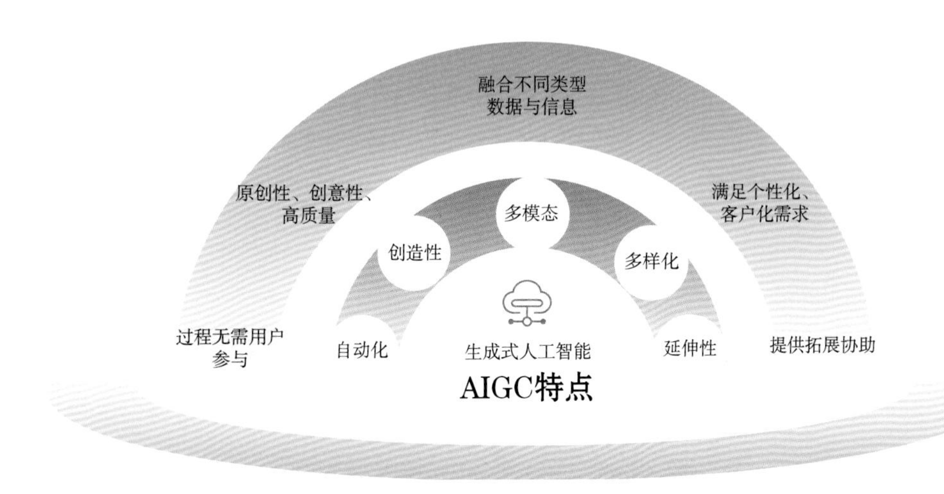

图 1-1 生成式人工智能的特点

1 FULG, RAHMANI H, LIU J. AI-Generated Content (AIGC) for Various Data Modalities: A Survey [J]. Association for Computing Machinery, 2023,1(1).

2 THOMAS S, TAYLOR M, ANDERSON B, et al. The Evolution and Impact of Generative AI: From Early Models to Advanced AIGC Technologies [J]. ResearchGate, 2023(1): 1.

3 CHAVAN J D, MANKAR C R, PATIL V M. Opportunities in Research for Generative Artificial Intelligence(GenAI), Challenges and Future Direction: A Study [J]. International Research Journal of Engineering and Technology, 2024,11(2): 446.

4 ONIANI D, HILSMAN J, PENG Y, et al. Adopting and expanding ethical principles for generative artificial intelligence from military to healthcare [J]. Digital Medicine, 2023,6(1): 225.

5 BOSCARDIN C K, GIN B, GOLDE P B, et al. ChatGPT and generative artificial intelligence for medical education: potentialimpact and opportunity [J]. Academic Medicine, 2024,99(1): 22-27.

种职业被称为“提示工程师”（Prompt Engineer）[1]，旨在改善人类与人工智能的交互。在这种情况下，提示是人工智能模型的起点，它对生成内容的原创性和质量有重大影响。与模糊或笼统的提示相比，一个精心设计的具体提示会产生更相关、更有创意的内容。多模态是指生成AIGC的人工智能模型可以处理多模态的输入和输出，将不同类型的数据和信息进行融合，以实现更加准确、高效的人工智能应用。例如，ChatGPT的对话服务允许使用文本作为输入和输出[2]，DALL-E 2可以基于文本描述创建原始的、逼真的图像[3]。多样化是指AIGC可以提供多样化的个性化和个人化服务。一方面，用户可以调整人工智能模型的输入，以适应他们的偏好和需求，从而产生个性化的输出。另一方面，人工智能模型被训练来提供多样化的输出。例如，以DALL-E 2为例，即使输入相同的文本，该模型也可以生成更正确地代表全球客户多样性的个人图像。[4]延伸性是指AIGC应该对人类、社会、经济等方面有延伸性协助[5]。例如，经过训练后的人工智能模型可以撰写医疗报告和解释医疗图像，协助医疗保健人员做出准确的诊断。

二、AIGC在设计领域的定义

AIGC在设计领域中的定义强调了创造性，它是一种利用人工智能自动生成图片、音频、文本等多媒体内容的方法。它可以通过模仿人类认知过程，完成类似于人类艺术创作的表达，能够突破线性思维框架[6]。AIGC允许设计师通过文本命令指导人工智能生成设计。这种新颖的方法呈现了一种范式的转变，从传统的触觉、手动等草图绘制过程转变为基于数字和文本的交互过程。目前，将AIGC整合到设计系统中已经成为研究者和实践者越来越感兴趣的话题。有学者广泛讨论了将ChatGPT、Midjourney、Copilot等AIGC工具整合到设计系统中的方法，他们的主要侧重点在于加强产品在设计中的合作和创新[7]。表1-2整理了AIGC在产品设计、广告设计、家居设计、视觉设计、影视动画等艺术设计领域的定义术语，与其他学科领域的关注点不同，设计领域更关注生成内容的图像效果与创意性，强调艺术与技术的深度融合，创造出既美观又富有创新性的作品。

综上可知，可以把设计领域的AIGC定义为一种以生成式对抗网络（Generative Adversarial Networks，简称GAN）与稳定扩散图像生成（Stable Diffusion）等技术模型为基础的人工智能技术，其核心在于能够生产高质量且具有创意的图像、音频、视频、文本、三维互动等多种类型的内容。它可以帮助设计师、插画师、摄影师等视觉艺术从业人士在较短时间内生成精美的数字图

1 OPPENLAENDER J. Prompt engineering for text-based generativeart［C］.Apr. 2022, arXiv：2204.13988.

2 ChatGPT：Optimizing language models for dialogue.［EB/OL］.(2023-04-02)［2023-04-02］. https：//openai.com/blog/chatgpt/.

3 MARCUS G, DAVIS E, AAROSON S. A very preliminary analysis of DALL-E 2［C］. Apr. 2022, arXiv：2204.13807.

4 XU M, DU H, NIYATO D, et al. Unleashing the Power of Edge-Cloud Generative AIin Mobile Networks：A Survey of AIGC Services［J］. IEEE Communications Surveys & Tutorials, 2024, 26(2)：1133.

5 CHUI M, et al. Notes from the AI frontier：Insights from hundreds of use cases［D］. Washington, District of Columbia, USA：McKinsey Global Institute, 2018：17.

6 于婉莹.人工智能对艺术创作的变革性影响分析［J］. 南京艺术学院学报, 2014(1)：190-194.

7 YIN H, ZHANG Z, LIU Y. The Exploration of Integrating the Midjourney Artificial Intelligence Generated Content Tool into Design Systems to Direct Designers towards Future-Oriented Innovation［J］. Systems, 2023(12)：11.

表 1-2 AIGC 在设计领域的定义

年份	作者	定义	视角	
			设计领域	关注点
2023	Jian Rao, Mengzhen Xiong	一种新型的内容生成方式。以生成式对抗网络（GAN）实现图像生成的真实感，依托稳定扩散图像生成（Stable Diffusion）技术，把握图像的精准化和风格化，生成真正符合需求的设计，在一定程度上满足了数字时代人们对高效、高品质的追求[1]	艺术设计（服装、广告、平面、产品等）	内容与图像生成效果
2023	Pan Shimin, Rusmadiah Bin Anwar, Nor Nazida Binti Awang, et al.	广义上是一种人工智能技术，它具备以类似于人类的方式创造和生成内容的能力。该系统可以利用训练数据和生成算法模型独立生成新鲜的文本、图像、音乐、视频、三维互动内容（包括虚拟头像、虚拟物体、虚拟环境）以及不同类型的数据[2]	产品设计	技术、创造力、训练模型、生成媒体内容
2024	N. Van der Stappen	系统从源头开始生成高质量图像和与上下文相关的文本，能够处理一些重新排列和标注现有数据的标准任务，通过产生不同的视觉创意和迭代，用于生成电影、视频游戏和动画的概念艺术[3]。例如，生成式对抗网络（GAN）可从零开始生成高质量图像，最近被时尚界用于生成新服装设计的逼真图像，适用于营销活动或虚拟时装秀[4]	广告设计	生成内容、创意、高质量图像
2024	杨京玲，陈燕雯	通过深度分析和学习海量的文化数据（包括图像、文本、音频等多种形式）创造文化内涵丰富的艺术作品、独特的设计元素，以及富有创意的构思[5]	家居设计	文化、创意
2024	葛松源，胡中节	用于创建新文本、图像、视频、音频、代码或合成数据，特别是其可以帮助摄影师、设计师、插画师等视觉艺术从业人士在较短时间内生成精美的数字图像[6]	视觉艺术	生成内容
2024	Sophia Song	能够产生图像、音频、文本和视频等内容的人工智能技术。通过生成式对抗网络（GAN）和（GenAI）等创新系统，激发艺术和技术这两个截然不同的领域产生交集[7]	影视动画	艺术与技术融合

像，也能够创造出文化内涵丰富的艺术作品和独特的设计元素，这为艺术创作和文化传承提供了新的途径和可能性。AIGC 是融合艺术与技术的新型内容生成方式，具有强大的艺术生成能力和广泛的应用场景。通过深度学习和分析海量的数据，AIGC 能够创造出具有创意和吸引力的内容，为艺术创作、文化传承、娱乐产业等多个领域带来了新的发展机遇。未来随着技术的不断进步和应用场景的拓展，AIGC 在设计领域将发挥更加重要的作用。

[1] RAO J. XIONG M Z. A New Art Design Method Based on AIGC: Analysis from the Perspective of Creation Efficiency[C]//2023 4th International Conference on Intelligent Design(ICID), 2023: 129-130.

[2] SHIMIN P, ANWAR R B, Nor Nazida Binti Awang,et al. Research on Yixing Zisha teapot design innovation based on AIGC Technology[J]. International Journal of Innovation, Creativity and Change, 2023,17(2): 439.

[3] N. Van der Stappen.Evaluating consumer responses to AI-generated imagery in social media advertisements[D]. Netherlands: Tilburg University, 2024: 5.

[4] RAMDURAI, B. The impact, advancements and applications of Generative AI[J].Research Gate, 2023(6): 1-8.

[5] 杨京玲，陈燕雯. 基于AIGC的桃花坞木版年画在家居设计中的创新应用研究[J]. 包装工程, 2024,45(12): 471.

[6] 葛松源，胡中节. AIGC视域下摄影本体边界的拓宽与发展挑战[J]. 南京艺术学院学报(美术与设计), 2024(03): 168.

[7] SONG S.Examining people's attitudes and perspectives towards generative AI technologies in Webtoon content creation[D].Seoul, South Korea, Yonsei University, 2024: 16-17.

三、AIGC服装设计的定义

时装设计的未来正朝着增强个性化和无缝多模式界面融合的方向发展。随着时装设计的发展，个性化体验将成为中心舞台。AIGC服装设计是服装行业与新一代信息技术深度融合的产物，它能够激发创造力，提升效率，增强市场适应性。它有望为服装产业的高质量发展提供巨大的创新动力。从设计师和消费者角度来看，AIGC可以很好地利用用户偏好、身体测量和风格选择来提供量身定制的建议。同时，文本、图像、草图和虚拟现实等多种输入方式的集成，可以让设计师和用户毫不费力地互相交流想法。这种增强个性化和无缝多模式界面的融合将使时装设计师和消费者能够共同创造出独特的个性化设计，完全符合个人的品位和喜好。它将彻底改变时尚行业，在设计过程中促进更深层次的参与度、满意度和创造力。从应用过程来看，AIGC在时装设计关键阶段（包括灵感、设计、制造和营销）的应用，展示了人工智能如何促进趋势分析、快速设计迭代、虚拟试穿和销售预测，从而简化设计流程并降低成本。[1]AIGC为设计师提供工具辅助和分析见解，它可以洞察数据、预测趋势，并自动化设计元素，从而简化设计流程、增强创造力并满足消费者不断变化的需求。AIGC增强了设计师的能力，将创造力与数据驱动的洞察力相结合，重塑了整个市场（尤其是时尚领域）的创造力、效率和便利性。[2]

综上所述，可以把AIGC下的服装设计定义为利用人工智能技术自动生成服装设计内容的新型设计方式。具体来说，AIGC利用语言-图像预训练模型（Contrastive Language-Lmage Pre-training，简称CLIP）、扩散模型（Diffusion Model，简称DM）等多类图像生成模型，通过模仿人类认知方式，挖掘并解析海量的设计案例和时尚趋势数据，理解其中的设计元素、色彩搭配、风格特点等关键信息，并结合流行趋势，通过在短时间内创造性生成大量创意设计来完成艺术创作，成为设计师们一个强大的创意支持工具。它具体实现的功能包含文本线稿、线稿成款、局部改款、系列配色、定向换色、换背景等，设计师可以根据需要对全局或局部的颜色、图案和廓形等设计元素进行即时调整，并辅助进行材料选择和效果评估，使最终产品更加符合市场需求。

第二节 AIGC生成内容的常见分类

AIGC工具的应用正在改变内容创作的面貌，它们能够自动化地生成各种类型的内容，从而提升工作效率和质量。这些工具通过模拟人类的创造力和表达能力，使得内容生成更加高效和个性化，也在各个领域得到了广泛的应用。同时，随着技术的不断进步，AIGC工具的精确度和创造性

---

1 WU Z H, TANG R T, WANG G Y, et al. The Research and Design of an AIGC Empowered Fashion Design Product［J］. Human-Computer Interaction, 2024, 14688(5): 413-429.

2 GUO Z Y, ZHU Z Y, LI Y Z, et al. AI Assisted Fashion Design: A Review［J］. IEEE Access, 2023, 11(8): 88412.

将继续提高，也会进一步推动内容创作和生产的革命。根据不同的专业和应用场景，AIGC主要生成内容可分为图像、文本、音频、视频、跨模态生成五类。

一、图像生成

图像生成包括图像编辑、图像增强、图像压缩、图像识别、根据文本生成图像、风格转化、AI绘画、图像数据增强（图1-2）。图像编辑涉及使用AI技术来修改或改进图像的外观和内容[1]，包括从基本的调整（如亮度、对比度、饱和度）到更复杂的内容编辑（如对象移除、图像修复和合成）。图像增强可以提高低光或嘈杂环境中的图像质量，而图像压缩可以减少传输图像所需的数据，从而提高整体效率[2、3]。各种图像识别应用包括对象检测、面部识别和图像搜索。根据文本生成图像可以根据文本描述创建图像，用于视觉叙事、广告和虚拟现实/增强现实（VR/AR）体验[4、5]。风格转化，也称为风格迁移，是指使用AI将一种图像的风格应用到另一种图像上，同时保留后者的结构或内容，如使用GAN实现的卡通化风格转换[6]，可以将自己的照片转换成具有特定风格的作品。AI绘画指的是利用人工智能算法从头开始创造视觉艺术作品。与风格转化不同，AI绘画不是以现有的图像作为基础，而是根据给定的指令、主题或灵感生成全新的图像。图像数据增强是用基于AIGC的算法生成的虚假的文本或数据对真实数据集进行补充，来应对某些研究任务初期训练样本缺乏的问题。如有学者通过使用稳定扩散图像生成（Stable Diffusion）模型对杂草数据集进行增强，提高了后续分类器的性能[7]。例如Make-a-Scene提出了一种新颖的图像生成模型[8]，该模型由一个文本编码器、一个图像生成器和一个在注释数据上训练的模块组成。可以在大量图像和文本描述数据集上进行训练，根据用户请求快速生成图像。这种方法补充了生成特定属性的图像技术。[9]此外，还可以从现有图像及其相关属性生成新图像。[10]该方法根据输入属性来生成高度逼真的图像，对原有图像进行图像变换、修复和风格转换。然而，人工智能生成图像技术的发展也引发了人们对深度伪造的担忧，即

---

1 GRECHKA A, COUAIRON G, CORD M. GradPaint: Gradient-Guided Inpainting with Diffusion Models [J]. Computer Vision and Image Understanding, 2024, 240(3): 240.

2 SHI J, WU C, LIANG J, et al. DiVAE: Photorealistic images synthesis with denoising diffusion decoder [J].Computer Vision and Pattern Recognition, 2022(6): 2.

3 XU M, NIYATO D, KANG J, et al. Wireless edge-empowered metaverse: A learning-based incentive mechanism for virtual reality [C]//ICC 2022 - IEEE International Conference on Communications(ICC), Seoul, South Korea, 2022: 5220-5225.

4 ZHANG H, MAO S, NIYATO D, et al. Location-dependent augmented reality services in wireless edge-enabled metaverse systems [J]. IEEE Open Journal of the Communications Society, 2023, 4(1): 171–183.

5 DU J, YU F R, LU G, et al. MEC-assisted immersive VR video streaming over terahertz wireless networks: A deep reinforcement learning approach [J]. IEEE Internet of Things Journal, 2020, 7(10): 9517-9529.

6 ZHANG F, ZHAO H H, LI Y H, et al. CBA-GAN: Cartoonization Style Transformation Based on the Convolutional Attention Module [J]. Computers and Electrical Engineering, 2023, 106(3): 108575.

7 MORENO H, GÓMEZ A, Sergio Altares-López,et al. Analysis of Stable Diffusion-Derived Fake Weeds Performance for Training Convolutional Neural Networks [J]. Computers and Electronics in Agriculture, 2023, 214(11): 214.

8 GAFNI O, POLYAK A, ASHUALO, et al. Make-a-scene: Scene-based text-to-image generation with humanpriors [C]// Proc. 17th Eur. Conf. Comput. Vis, Tel Aviv-Yafo, Israel, 2022: 89-106.

9 BLATTMANN A, ROMBACH R, OKTAY K, et al. Semiparametric neural image synthesis [C]//Proc. Adv. Neural Inf. Process. Syst, 2022: 1-16.

10 BLATTMANN A, ROMBACH R, OKTAY K, et al. Semiparametric neural image synthesis [C]// Proc. Adv. Neural Inf. Process. Syst, 2022: 30-34.

图1-2 AIGC在图像生成中的应用

利用人工智能生成逼真的照片、电影或音频，描绘不存在的事件或个人，可能会干扰系统性能并影响移动用户任务，从而引发伦理和法律问题。需要对AIGC图像生成进行更多研究和立法。[1]

二、文本生成

文本生成包括结构化写作、非结构化写作、文本理解、交互性文本。结构化写作是指在具有明确格式和组织结构的框架内生成文本。该类型通常依赖于模板或预定义的数据结构生成内容，确保输出的文本遵循特定的格式和逻辑顺序[2]。非结构化写作涉及生成更自由、更少约束的文本内容，类似于人类的自然语言，更加灵活。它常用于创意写作、社交媒体内容等需要个性化和创新表达的场景[3, 4]。文本理解涉及AI对语言的深入分析和理解，包括语法、语义、情感和上下文含义。交互性文本指的是设计用于和用户进行动态交互的文本内容。这种类型的文本生成不仅要求AI理解语言，还要求其能够根据交互的内容生成连贯、相关的内容[5]。例如MobileBERT是一种高效的文本生成模型，兼容各种设备，包括智能手机和物联网设备，可用于多种移动应用程序，如个人助理、聊天机器人和文本转语音系统[6]。此外，它还可以用于小尺寸跨模式应用程序，如图像字幕、视频字幕和语音识别。这些人工智能生成的文本模型可以在保护用户隐私的同时实现新应用和个性化的用户体验。自然语言生成技术（Natural Language Generation，简称NLG）的进展使得人工智能生成的文本几乎与人类书写的文本没有区别[7]。

三、音频生成

人工智能生成的音频包括语音克隆与音乐生成。语音克隆是指使用AI技术模仿特定人声的过程，使得AI生成的语音听起来与目标声音极为相似，包括语调、音色、口音和说话风格的模仿等[8]。音乐生成涉及使用人工智能算法来创作音乐，包括旋律、和声、节奏甚至完整的曲目。这种类型的AI可以基于特定的风格、情感或其他参数来创作音乐，包括从古典到流行，从爵士到电子舞曲等各种风格。例如自动点唱机[9]使用人工智能生成带有歌唱的音乐，它可以生成高保真且多样化的歌曲，

---

1 WESTERLUND M. The emergence of deepfake technology：A review［J］. Technology innovation management review, 2019, 9(11)：40-53.

2 华裔. 结构化写作让英语作文有趣、有效、有料［J］. 英语画刊(高中版), 2023(29)：40-42.

3 龚思颖，黎小林. 元宇宙场域下AIGC赋能广告的原理与实现路径［J］. 现代广告, 2023(14)：12-18.

4 郑梦悦，秦春秀，马续补. 面向中文科技文献非结构化摘要的知识元表示与抽取研究——基于知识元本体理论［J］. 情报理论与实践, 2020, 43(2)：157-163.

5 王泽轩，陈亚军. AIGC技术发展与应用进展［J］. 印刷与数字媒体技术研究, 2024(4).

6 GOZALO-BRIZUELA R. ChatGPT is not all you need. A state of the art review of large generative AImodels［D］. New york：Cornell University, 2023：3-5.

7 CROTHERS E, JAPKOWICZ N, VIKTOR H. Machine generated text：A comprehensive survey of threat models and detection methods［J］. IEEE Access, 2023, 11：70977-71002.

8 同5。

9 DHARIWAL P, JUN H, PAYNE C, et al. Jukebox：A generative model for music［J］. Electrical Engineering and Systems Science, 2020(5)：1-3.

连贯时间长达几分钟，同时，它也可以以艺术家和流派为条件来控制声乐风格。[1] MIDI采用GAN的方法从零开始或基于几个给定的音乐小节生成旋律，并且可以扩展生成具有多个音轨的音乐[2]。此外，人工智能生成的音频在移动网络中备受关注，因为它具有增强用户体验、提高效率、安全性、个性化、成本效益和可访问性的潜力[3]。例如，基于人工智能生成的语音合成和增强可以提高移动网络的通话质量，而基于人工智能生成的语音识别和压缩可以通过减少传输音频所需的数据和自动执行语音到文本转录等任务来优化移动网络。人工智能驱动的语音生物识别技术可以实现以用户的声纹作为身份验证的唯一标识符，从而增强移动网络的安全性[4]。人工智能生成的音频服务（例如个性化音乐生成）可以自动执行任务并减少网络负载，从而降低成本。

四、视频生成

视频生成包括视频内容生成、视频编辑、视频风格转换、画质增强。视频内容生成涉及使用AI技术从头开始创造新的视频内容。这可以包括生成动画、模拟现实场景或创建完全由AI想像的视觉内容。通过AI模型理解和模拟视觉元素的复杂组合，创造出视觉上吸引人的视频内容。视频编辑利用AI自动完成视频剪辑、合成和优化的过程。包括从长视频中自动提取精彩片段、调整视频序列以改善叙事流程、添加或删除特定内容如AI换脸以及自动化颜色校正等操作。AI视频编辑工具可以显著减少视频制作的时间，同时提供专业的编辑效果[5]。视频风格转换是指使用AI将一种特定的艺术风格应用到视频序列上，类似于图像风格转换，可根据特定特征（如风格、分辨率或帧速率）进行定制，以改善用户体验或为特定目的（如广告、娱乐或教育内容）创建视频[6]。例如可以模仿艺术家的某种风格，使视频变为卡通或水彩形式。画质增强是指使用AI技术改善视频的视觉质量，包括分辨率提升、噪声减少、动态范围优化和帧率转换。可根据AI模型对视频数据的分析预测并填补缺失的像素，从而提升整体的视频质量。例如Imagen Video 可从现有视频或其他类型的数据（如图像、文本或音频）生成全新且高清视频内容，并且提供新的故事讲述方法[7]。Imagen Video不仅可以制作高质量的视频，而且还具有高度的可控性和世界知识，能够生成具有各种艺术风格和3D对象理解的多样化视频和文本动画。

1 FULG, RAHMANI H, LIU J. AI-Generated Content (AIGC) for Various Data Modalities: A Survey [J]. Association for Computing Machinery, 2023,1(1).

2 YANG L C, et al. MidiNet: A Convolutional Generative Adversarial Network for Symbolic-Domain Music Generation [C]// ISMIR (International Society of Music Information Retrieval) Conference, 2017: 33.

3 MAKHMUTOV M, VAROUQA S, BROW J A. Survey on copyright laws about music generated by artificial intelligence [C] //IEEE Symposium Series on Computational Intelligence (SSCI). IEEE, 2020(11): 3003-3009.

4 A. van den Oord, et al. WaveNet: A generative model for raw audio [C]//9th ISCA Workshop Speech Synth. Workshop, Sunnyvale, CA, USA, 2016: 125.

5 王泽轩,陈亚军.AIGC技术发展与应用进展[J].印刷与数字媒体技术研究,2024(04): 8.

6 HO J, SALIMANS T, GRITSENKO A, et al. Video diffusion models [J]. Advances in Neural Information Processing Systems, 2022, 35: 8633-8646.

7 同2。

五、跨模态生成

跨模态生成是指在一种模态中接收条件输入并在另一种模态中产生输出，从各种模态到图像、视频、音频、3D形状及场景等[8]。例如文本生成图像，是根据文本描述自动生成相应图像的技术。这种技术能够理解文本中的概念和意义并生成与之匹配的图像。文本生成图像应用于艺术创作、游戏、广告创意等领域，可以辅助设计师在初步概念阶段快速可视化想法[9]。如生成3D人物图像，用户可以选择各种文字指令来表示3D形状——像素体、点状体、网格体或神经隐式，其中每种表示法通常采用不同的设置和主干，并且具有各自的特点、优点和缺点[10]。文本生成视频，能够根据文本描述生成动态视频内容。包括从文本中提取视觉元素，以及理解文本中描述的动作、事件和时间序列，最后将这些元素转化为连续的视频序列。其应用包括自动化内容创作、教育材料的制作、娱乐和社交媒体内容的生成。文本音频间转换，是由文本到语音和语音识别[11]。由文本到语音是指将书面文本转换为口语的过程，目的是生成清晰、自然的语音。这项技术广泛应用于虚拟助手、自动化客服、有声读物和无障碍技术等领域。语音识别则是指将语音输入转换为文本，使得机器能够理解和处理人类的语音指令。这项技术广泛应用于语音输入、自动字幕生成等场景[12]。

第三节 AIGC工具的应用场景

AIGC工具的应用场景非常广泛，涵盖了艺术设计、媒体与娱乐、医疗与教育等多个领域。随着技术的不断进步，AIGC工具的能力和应用领域将继续扩展，将在未来的社会和经济发展中扮演更加重要的角色。同时，AIGC的发展也带来了对相关工作者的新要求，他们需要学会与这些工具协作，以创造更加丰富和有价值的内容。

一、艺术设计领域

艺术设计领域涵盖了服装设计、平面设计、漫画设计等多个细分类别。AIGC可以掌握海量的几何模型、自然规律、图形纹路，设计师利用AIGC来提供创意思路、完成复杂或新颖的创作。

---

8 FOO L G, RAHMANI H, LIU J. AI-Generated Content (AIGC) for Various Data Modalities: A Survey[J]. Association for Computing Machinery. 2023, 1(1): 1.

9 王泽轩, 陈亚军. AIGC技术发展与应用进展[J]. 印刷与数字媒体技术研究, 2024(4): 8.

10 同1。

11 LIU Y, WEI L F, QIAN X Y, et al. Multimodal Text-to-Speech of Multi-scale Style Control for Dubbing[J]. Pattern Recognition Letters, 2024, 179(02): 158-164.

12 同2。

浙江省创意设计协会与无界AI联合发布了全球首个宋韵汉服模型，开发团队采集和标注了大量数据，涵盖设计师能用到的几乎所有汉服、宋服的标签，从款式到材质、纹样、朝代等，可以设计、生成“简朴素雅”的宋服、“唯美飘逸”的汉服。杭州深图智能科技发布的服装行业大模型“匠衣深造”，除具备图文生成功能外，还在服装制造工艺、材质捕捉、人体比例协调性以及潮流趋势等服装细节设计方面具备优势[1]。在漫画和动画领域中，目前已有学者利用AIGC工具进行绘本、漫画、动画设计。Netflix发布了动画短片《犬与少年》，整部短片的场景都由AIGC完成，是由Netflix联合小冰公司日本分部、WIT STUDIO共同创作的[2]。设计者刘飞利用Midjourney创作了漫画《打鱼记·上》，整个创作过程没有用任何素材，只用文字描述直接出图，或者用当场出的图作为垫图二次加工。国内智能设计公司水母智能发布了触手AI创作平台，可以实现AI漫画创作。光线传媒利用AIGC工具生成了动画电影的宣传海报。设计师给出设计理念和关键词，结合ChatGPT完善指令，再将指令输入到Midjourney中，生成图片后根据效果不断修改指令，最后再用Stable Diffusion调整局部效果，完成整张海报设计。[3]此外，AIGC已与工艺美术设计结合，如供春AI推出了基于工艺美术的生成式人工智能应用，用户可使用文字描述、草图、参考图生成全新的工艺美术设计，如紫砂壶、玉器、瓷器等。例如AIGC技术在陶瓷创意设计中的具体应用也逐渐增多，包括自然语言数据库的构建、图稿的自动生成、模型生成、数字模型输出以及智能生产等多个方面的实践尝试[4]。

二、媒体与娱乐领域

AIGC技术已经被应用于媒体内容创作与编辑，能通过自然语言生成技术自动地生成新闻报道、广告文案、社交媒体内容等，极大地提高了内容生成的效率和品质。AIGC工具可以根据不同的受众和广告策略，自动地生成各种形式的广告内容，从而更好地吸引目标受众的注意力。例如，营销行业正在利用生成式人工智能为潜在消费者制作和合成个性化广告，合成广告中包括基于人工和自动生产及修改的数据内容。[5]人类与人工智能合作能提高艺术创作水平，人类为人工智能系统提供创意输入、反馈和指导，而人工智能则通过提供语言、愿景和决策支持来协助人类进行创作[6]。AIGC工具主要依靠数据分析，按照一些固定的模板来制作新闻。随着逻辑推理和处理多模态数据能力的不断增强，生成目标驱动性的叙事成为了可能。因此，生成式人工智能可以用文本和视频生成更复

---

1 孙守迁，曹磊磊，王松，等. 生成式人工智能大模型在设计领域的应用[J]. 家具与室内装饰，2024, 31(4): 4-5.

2 WANG Z, DU P, XU Z, et al. Divide and Control: Generation of Multiple Component Comic Illustrations with Diffusion Models Based on Regression[C]//Proceedings of International Conference on AI-generated Content, 2023: 59-69.

3 ZHAO Y. Exploring the Application and Influence of Artificial Intelligence AIGC Technology on Logo Design[C]//Proceedings of 2nd International Conference on Intelligent Design and Innovative Technology(ICIDIT 2023). Atlantis Press, 2023: 451-459.

4 王一凡,宫雪琳,朱寒庆,等.AIGC技术下的陶瓷创意设计研究[J].陶瓷科学与艺术,2023,57(10): 84-87.

5 ARANGO L, SINGARAJU S P, NIININEN O. Consumer responses to AI-Generated charitable giving ads[J].Journal of Advertising, 2023, 52(4): 486-503.

6 GUO C, LU Y, DOU Y, et al. Can ChatGPT boost artistic creation: The need of imaginative intelligence for parallel art[J]. IEEE/CAA Journal of Automatica Sinica, 2023, 10(4): 835-838.

杂的新闻报道、文本和视频等。[1]

在娱乐领域中，可以应用AIGC工具自动地生成电影、游戏、音乐等作品的故事情节、角色设定、画面等，还可以对现有的图片进行智能编辑，同时也能自动剪辑视频，添加特效，甚至生成完整的动画视频。在音频与音乐创作方面，人工智能可以根据特定的风格和情绪自动生成音乐作品，这在游戏、电影等领域有着广泛的应用。例如人工智能在格斗游戏中设计游戏角色并生成角色策略，这个过程中不需要任何设计师的干预。[2]除了剧情和角色设计之外，生成式人工智能还可以生成游戏视觉内容，如实时三维场景渲染和角色绘画。可见生成人工智能在剧情、角色和场景创作中的应用，大大提高了游戏制作的效率和创造力。

三、医疗与教育领域

AIGC工具可以辅助医生进行疾病诊断、治疗方案制定等工作。医疗保健是生成式人工智能产生重大影响的另一个领域。据报道，ChatGPT已通过美国医疗执照考试。现在人们为生成式人工智能将如何重塑医疗行业指明方向[3]。生成式人工智能将在患者互动、临床诊断支持、远程医疗服务、医疗教育、健康咨询和健康促进等多个方面改变医疗行业。但严格的医疗保健法规和较高的行业准入门槛使得生成式人工智能等数字创新难以渗透到医疗保健领域。[4]包括人工智能的道德使用、信息准确性、隐私、网络安全和潜在风险在内的问题一直存在。[5]

在教育领域中AIGC工具能够发挥多方面的作用，可以自动地生成各种教学资料、课件、试卷、练习题等内容，从而极大地提高教育效率和质量；可以协助学生完成各种任务，包括信息搜索、回答与特定主题相关的问题以及提高各种语言的写作水平；可以协助教师生成教学计划、准备教学材料（如讲稿、幻灯片和测验）、批改作业、给学生提供反馈；还可用于创建教学内容、提供个性化学习体验和提高学生参与度。[6]在学术研究中，ChatGPT可以协助问题的提出、研究设计、数据收集和分析、模型构建以及审阅和评论写作等工作。[7]此外，通过提供量身定制的支持、指导和反馈，AIGC工具成为开放教育中自学学习者（即自我学习者）的有用工具。[8]

---

1 WONG Y, FAN S, GUO Y, et al. Compute to tell the tale: Goal-driven narrative generation [C]//Proceedings of the 30th ACM International Conference on Multimedia, Lisboa, Portugal, 2022: 6875-6882.

2 MARTINEZ-ARELLANO G, CANT R, WOODS D. Creating AI characters for fighting games using genetic programming [J]. IEEE Transactions on Computational Intelligence and AI in Games, 2016,9(4): 423-424.

3 KUNG T. H, CHEATHAM M, MEDENILLA A, et al. Performance of ChatGPT on USMLE: Potential for AI-assisted medical education using large language models [J]. PLoS Digital Health, 2023,2(2): 1-12.

4 OZALP H, OZCAN P, DINCKOL D, et al. "Digital Colonization" of highly regulated industries: An analysis of big tech platforms' entry into health care and education [J]. California Management Review, 2022,64(4): 78-107.

5 SIAU K, WANG W. Artificial intelligence (AI) ethics: Ethics of AI and ethical AI [J]. Journal of Database Management, 2020,31(2): 74-87.

6 KASNECI, et al. ChatGPT for good? On opportunities and challenges of large language models for education [J]. Learning and Individual Differences, 2023,103: 102274.

7 SUSARLA A, GOPAL R, THATCHER J B, et al. The Janus effect of generative AI: Charting the path for responsible conduct of scholarly activities in information systems [J]. Information Systems Research, 2023,34(2): 399-408.

8 FIRAT M. How ChatGPT can transform autodidactic experiences and open education [J]. OSF Preprints, 2023(3): 1-5.

第四节 AIGC与服装设计的协同创新设计

AIGC工具与服装设计的有效协同可以极大地提升设计效率、创新性和市场响应速度。各种协作模式并不是独立的，可以根据具体需求进行组合运用。通过有效的协同工作，设计师角色会发生转变，产品更新迭代加快，降低设计成本，设计模式更加多元化，促进跨学科合作。AIGC在服装设计领域的应用将更加广泛和深入，为设计师提供更多的创意空间和可能性，同时也推动整个行业的创新与发展（图1-3）。

一、数据驱动设计

设计师利用AIGC技术对市场趋势、消费者行为、竞品分析等数据进行分析，为设计提供数据支持。例如，设计师可以通过AIGC工具分析时尚趋势网站和时尚博主的流行搭配，或者通过分析社交媒体平台上用户点赞和分享最多的时尚内容，了解当前最受欢迎的颜色、图案、布料和款式等信息。这些数据可以作为设计的基础，帮助设计师预测和创造未来的流行趋势，或者将这些元素融入到自己的设计中。

在数据驱动设计中，常见的AIGC设计工具包括但不限于：

图1-3 AIGC在服装设计领域中的应用

（一）Salesforce

这是一款客户关系管理（Customer Relationship Management，简称CRM）软件，它使用AIGC技术来分析和预测市场趋势以及消费者行为。通过Salesforce，企业可以更好地理解客户需求，优化销售策略，提高客户满意度。2023年3月，Salesforce 公司正式宣布推出Einstein GPT，这是他们为CRM定制的AI应用程序。在OpenAI技术的支持下，该应用程序能够自动执行销售活动，例如撰写电子邮件、安排客户会议以及为下一次客户互动做准备。此外，它还能够根据以前的案例记录生成知识文章，并通过聊天代理生成对客户查询的定制回复。这些功能非常有用，尤其是对于大型企业而言，它们可以满足其庞大的客户群，提供不断变化的客户信息和需求，从而改善客户体验和提高保留率。[1]

（二）Tableau

Tableau Desktop（简称Tableau），这是一款数据可视化工具，它使用AIGC技术来分析大量数据，帮助企业更好地理解市场趋势和消费者行为。Tableau 可以快速生成各种图表和报告如Tableau的“编辑表计算”“双轴”等功能可以利用形状、颜色、大小、文本等方式，将多个图表综合起来，在一个图形中完成两个以上维度的高阶表达。Tableau还可将多幅图片动态化，在不需要手动干预的情况下，根据指定的频次、速度自动播放，实现动态表达。Tableau具有快速分析、简单易用、瞬时共享等特点，可以帮助企业作出更明智的商业决策。[2]

（三）IBM Watson

这是一款AIGC平台，它使用自然语言处理和机器学习技术来分析市场趋势和消费者行为。IBM Watson提供广泛的服务，包括元数据管理、信息检索等[3]，可以从大量非结构化数据中提取有价值的信息，帮助企业更好地理解市场趋势和消费者需求。例如Marchesa的设计师曾与IBM Watson计算机合作，设计出一款可以根据社交媒体情绪实时改变颜色的连衣裙。这件连衣裙上的嵌入式LED灯是由数据驱动的，会随着用户通过Twitter评论晚会的社交媒体情绪变化实时改变颜色。[4]

（四）Google Analytics

这是一款网站分析工具，它使用AIGC技术来分析网站流量和用户行为。Google Analytics 可以帮助企业了解用户偏好和行为模式，优化网站设计和用户体验，如访客访问位置的地理信息、访客使用的设

1 LIM S C J, LEE M F. Rethinking Education in the Era of Artificial Intelligence (AI): Towards Future Workforce Competitiveness and Business Success [J]. Emerging Technologies in Business, 2024(3): 154-155.

2 何大壮, 张志宽, 谭贵华, 等. 汽车发动机生产质量信息的Tableau数字化展示 [J]. 汽车实用技术, 2023, 48(23): 196-197.

3 CHERRADI M, BOUHAFER F, HADDADI A E. Data lake governance using IBM-Watson knowledge catalog [J]. Scientific African, 2023, 21(9): 1855.

4 MASTROIANNI B. Hot fashion designer IBM Watson to debut smart dress at MetGala [EB/OL]. (2016-10-14) [2023-12-31]. https://www.cnet.com/tech/mobile/marchesa-ibm-watson-to-debut-cognitive-dress-at-met-gala/.

备（操作系统）和浏览器、访客流量的获取渠道、访客参与的页面和屏幕的转化率以及访客流量。[1]

（五）ChatGPT

这是一款基于生成式预训练变换模型（Generative Pre-trained Transformer，简称GPT）的文本生成工具，在使用大量文本数据进行训练后，能够理解并生成自然语言文本[2]。它在创意写作、文本分析、翻译和编程等任务中表现优异。在设计领域，ChatGPT可作为设计师在用户调研、产品分析、头脑风暴和市场分析中的辅助工具，为了引导ChatGPT生成期望的输出，需要设计和优化用户输入的提示词。

二、智能辅助设计

设计师可利用AIGC工具进行初步的设计创作，例如，输入“夏天的连衣裙，颜色为粉红和白色，图案为波点”，AIGC工具就会根据这些要求快速生成多款设计图，设计师再对这些初步设计进行筛选和调整，最终确定理想的设计方案。AIGC技术还可以帮助设计师自动优化图案和提供面料选择建议等。

在智能辅助设计中，常见的AIGC设计工具包括但不限于：

（一）Midjourney

这是一款AI制图工具，它能够创建与文本描述相匹配的图像，给图像添加风格和设计元素。在Midjourney中创建的图像具有如下特点：第一，它具有通过直观地应用或组合与命令相对应的图像来创建图像的直观性。第二，存在随机性，即在不同时间输入相同命令会生成不同的图像。第三，当将现有图像和命令一起使用时，在Midjourney中创建的图像与只输入文字指令相比，更依赖于现有的图像效果。总之，Midjourny的各种图像创建功能和根据命令更改图像的能力有助于开发原创时装设计。[3]

（二）DALL-E

这款工具应用了深度学习和图像生成领域的一种新的创新技术。其独特之处在于它能通过组合不同的元素和概念进一步扩展视觉表达。[4] DALL-E的一个关键特性是基于文本描述生成创造性

1 AHN S H, LEE S J. Weblog Analysis of University Admissions Website using Google Analytics［J］. Journal of Practical Engineering Education, 2024, 16(1): 95-103.

2 EDITORIALS N. Tools such as ChatGPT threaten transparent science; here are our ground rules for their use［J］. Nature, 2023, 613(7945): 612.

3 PARK K. Study on the feasibility of using AI image generation tool for fashion design development-Focused on the use of Midjourney［J］. The Journal of the Convergence on Culture Technology, 2023, 9(6): 237.

4 DEREVYANKO N, ZALEVSKA O. Comparative analysis of neural networks Midjourney, Stable Diffusion,and DALL-E and ways of their implementation in the educational process of students of design specialities［J］. Comparative analysis of neural networks. 2023, 9(3): 37-42.

图像的能力，能通过结合概念和结构产生独特的图像[1]。这使得设计师、艺术家和创意专业人士能够利用网络将最非传统的想法转化为视觉形式。DALL-E在教育中的应用前景是巨大的，尤其是在设计项目中，因为它可以作为学习概念、风格和视觉表达的工具，通过创造视觉人工制品，让学生不仅有机会观察，而且有机会自己尝试各种设计方案。DALL-E不仅是一项技术，也是创造力、教育和以视觉形式表达思想的强大工具。[2]

（三）Stable Diffusion

这是一种基于文本描述生成视觉图像的方法。其主要原理是通过神经网络和计算机视觉建模将文本信息转换为具体的图形图像[3]。这项技术有助于自动生成和重新定义设计，增加设计师的创作潜力，使设计工作更加高效和方便，从而加快新产品的开发和提高设计工作的质量。杭州的西湖心辰和知衣科技曾联合推出一款基于此技术的服装设计AI工具Fashion Diffusion，用户只需要选择设计款式、颜色、材质等标签，10多秒内即可生成一张高质量服装实穿效果图。此外，用户还可以借助该模型对服装进行快速改款，在上传目标款式图片后调整面料或颜色等其他设计参数，即可快速生成多张改款效果图。[4]

三、跨领域合作

设计师与技术专家、数据分析师等其他领域的人才进行合作，共同探索AIGC技术在时尚设计中的应用。在这种模式下，设计师提供创意和设计思路，数据分析师则提供市场数据和消费者行为分析，帮助设计师更好地理解市场需求，技术专家则负责实现设计师的创意。

几十年来，随着时尚行业不断追求创新，AIGC也不断发展。计算机算法于20世纪80年代已用于设计纺织品[5]。自2010年以来，风格迁移技术已用于风格模仿，可将著名艺术家或历史时期的风格模仿到新设计中[6]。GAN技术已用于设计服装，设计师可使用3D服装模拟技术在数字模型上虚拟检查自己的作品，从而节省时间和资源[7]。如今，新的生成技术不仅支持时装设计、取代时装模特，还能让顾客比以往更真实地虚拟“试穿”衣服。作为2016年的实验和示范，IBM

---

1 MARCUS G, DAVIS E, AARONSON S. A very preliminary analysis of DALL-E 2［J］. Computer Vision and Pattern Recognition. 2022(2): 13807.

2 DEREVYANKO N, ZALEVSKA O. Comparative analysis of neural networks Midjourney, Stable Diffusion,and DALL-E and ways of their implementation in the educational process of students of design specialities［J］. Comparative analysis of neural networks. 2023, 9(3): 37-42.

3 LEE S, HOOVER B, STROBELT H, et al. Diffusion explainer: Visual explanation for text-to-image stable diffusion［J］. Computation and Language, 2023(3): 1-5.

4 孙守迁，曹磊磊，王松，等. 生成式人工智能大模型在设计领域的应用［J］. 家具与室内装饰, 2024, 31(4): 4-5.

5 MONICA P S, ALOK S, SAMRIDHI G: Artificial Intelligence (AI) in textile industry operational modernization.［J］. Textile Apparel, 2024, 28(1): 67-83.

6 PRUTHA D, ASHWINKUMAR G, Tim O. Fashioning with Networks: Neural Style Transfer to Design Clothes［J］. Computer Vision and Pattern Recognition, 2017(7): 1-7.

7 KATO N, OSONE H, OOMORI K, et al. GANs-based clothes de-sign: pattern maker is all you need to design clothing［C］//10th Augmented Human International Conference on Proceedings, 2019: 1-7.

Watson 帮助人类设计师为明星设计礼服。该过程涉及信息分析和时尚元素提取，从而建议潜在的设计方向。[1] 2018年，阿里巴巴与香港理工大学纺织服装系和英国纺织协会合作发起了Fashion AI算法竞赛，探索人工智能在时装设计中的应用[2]。2019年，出现了更多的实验，包括康奈尔大学用于检测全球时尚趋势的人工智能工具[3]，以及深兰科技的DeepVogue在中国一场大型时装设计大赛上击败人类设计师夺得亚军[4]。新冠疫情暂时中断了人工智能的发展，但自2021年以来，随着扩散模型、大型语言模型和多模态模型等强大的生成式人工智能技术的出现，人工智能在时装设计领域很快又重拾发展的势头。2023年4月，首届AI时装周在纽约举办，吸引了近400名设计师。近两年涌现出许多实验性产品，例如Adobe的Project Primrose，用于打造“可穿戴、多功能且易于调整”的服装，Linctex的Style3D，用于在其实时3D模拟中整合AIGC和Weshop AI，为电子商务生成时装模型和产品。

AIGC技术与服装设计融合尽管已经取得了显著的进展，但仍然面临着一些技术局限性，主要在设计效率与质量提升、个性化与定制化设计、传统与现代工作流程方面存在技术挑战。导致设计效率与质量低下的主要原因是算法的局限性可能导致有些素材出现重复或者不够丰富的情况。此外，在利用AIGC技术生成设计草图和产品样式的过程中，需要处理大量的设计数据，这些数据包含设计师的创意灵感、设计理念等信息，涉及原创性问题，设计应用不能侵犯现有的设计。此外，避免生成具有歧视性、侮辱性或不良导向的设计作品也是一个需要解决的技术问题。[5] 在个性化与定制化设计方面，虽然AIGC可以生成多样化的设计，但它在生成设计时往往是基于大量现有数据进行模式识别和复制，在理解复杂的人类情感和文化背景方面仍然能力有限，这使得其生成的设计可能缺乏必要的个性化和深度，要确保生成的设计符合市场需求和消费者偏好也是有待解决的技术问题。

人工智能生成方法较难适应体现时装设计专业性和独特性的传统时装设计工作流程。传统的人工智能绘画工具并不是为时装设计的特定需求而设计的。它们缺乏理解时尚细微差别的能力，比如服装元素和非服装元素之间的区别，这使得使用这些工具进行专业级时装设计十分困难[6]。为了提高人工智能时装设计的专业性和可控性，需要调整工作流程，可以考虑采用“先大局，后细节”的策略，帮助更有效地产生设计灵感，并简化产品的设计、营销和运营。此外，设计师可以跳过传统的取样和拍照环节，直接将设计提交给电子商务网站，以获得用户反馈和生产决策。这可以为时装设计带来更高效、更直接的反馈。

---

1 MASTROIANNI B. Hot fashion designer IBM Watson to debut smart dress at MetGala[EB/OL].(2016-10-14)[2023-12-31]. https：//www.cnet.com/tech/mobile/marchesa-ibm-watson-to-debut-cognitive-dress-at-met-gala/.

2 Alibaba Cloud：FashionAI Global Challenge 2018 [EB/OL].(2018-03-16)[2024-09-31]. https：//tianchi.aliyun.com/markets/tianchi/FashionAIeng/.

3 MELANIE L. AI Tool Detects Global Fashion Trends[EB/OL].(2019-11-29)[2024-09-31]. https：//news.cornell.edu/stories/2019/10/ai-tool-detects-global-fashion-trends/.

4 同上。

5 从立先,李泳霖. 生成式AI的作品认定与版权归属——以ChatGPT的作品应用场景为例[J]. 山东大学学报(哲学社会科学版), 2023(4)：171-181.

6 CAO S D, CHAI W H, HAO S Y. et al. DiffFashion：Reference-based Fashion Design with Structure-aware Transfer by Diffusion Models[J]. IEEE Transactions on Multimedia, 2023, 26(9)：3962-3975.

第五节 AIGC服装设计的协作流程

本文中AIGC与服装设计协作流程主要聚焦于四个板块：趋势预测、创意生成、细化实施，虚拟效果。这四个板块是服装设计流程的必备内容。

在“趋势预测”阶段，需要通过信息的调研分析，发现用户需求和市场趋势等问题，进而在提炼处理后定义设计目标；在“创意生成”阶段，则主要是进行创意发散，形成初步设计概念，并产出多样的设计草案；在“细化实施”阶段，主要任务是收敛设计草案，逐步确定款式、面料、工艺等设计细节，形成较为成熟可行的设计方案。在“虚拟效果”阶段，以AIGC为效果预览器，利用3D扫描和虚拟试穿技术，将设计转化为虚拟服装，进行虚拟试穿。通过虚拟现实技术（Virtual Reality，简称VR）和增强现实技术（Augmented Reality，简称AR），模拟不同体型和环境条件下的穿着效果，提供全面的沉浸式试穿体验，收集用户反馈。因此，本项目的设计流程主要聚焦于趋势预测、创意生成、细化实施、虚拟效果四个板块，如图1-4所示。

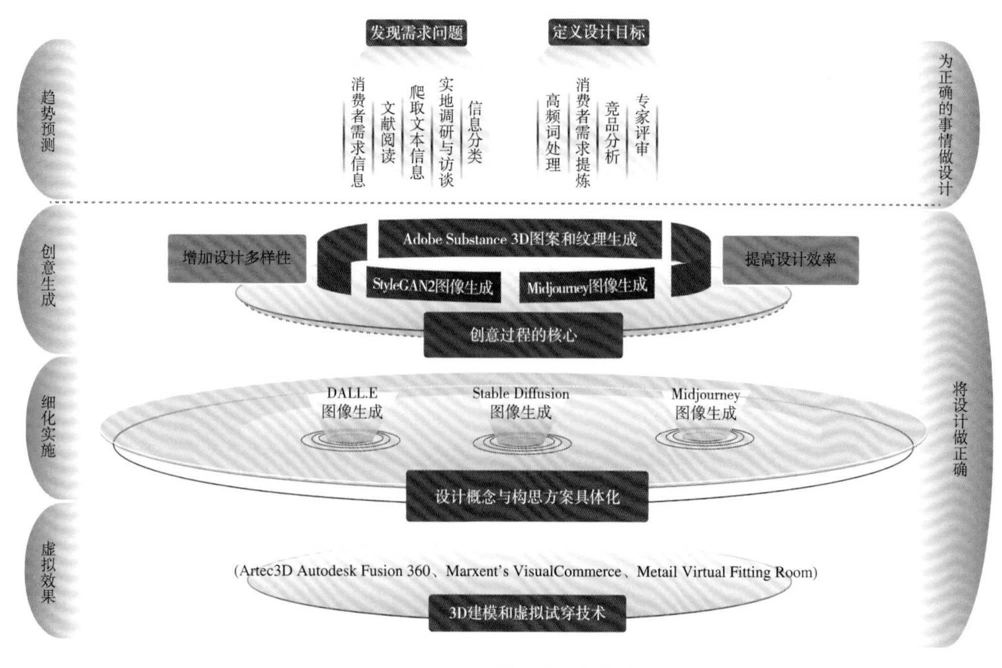

图1-4 AIGC服装设计的协作流程

一、趋势预测

预测趋势需要进行市场调研、社交媒体分析、消费者访谈等工作，系统地收集并分析用户对于服装的偏好、需求以及当前的流行趋势。生成式AI在此阶段扮演数据洞察者的角色，通过自动化的数据处理和分析，能够在短时间内处理大量数据。在这一阶段中，可以使用Google Cloud Natural Language API v1.20.0工具，这款工具可以处理自然语言，从设计师上传的消费者访谈记录或社交媒体帖子中自动提取关键词、情感分析结果和主题模型，抓取有价值的信息，帮助设计师了解用户的讨论重点。也可以利用Python编写网络爬虫来抓取网页上的流行趋势信息、电商平台竞品信息等数据，利用八爪鱼RPA自动化清洗和整理这些数据，从而收集服装设计所需的信息。此外，还可以使用Brandwatch、IBM Watson Analytics等社交媒体分析工具，由设计师设置监测关键字，跟踪特定话题的热度变化，从社交媒体上获取大量用户反馈和行为数据，生成可视化报告，用于消费者行为分析。再结合竞品分析捕捉市场机会点，提炼需求信息，包括洞察消费者反馈与市场表现，验证需求真实性，快速挖掘竞品爆款亮点，为新品研发提供决策依据。为了保证需求分析的准确性和专业性，还需要将提炼后的内容交由专家评估，并根据评估意见进行修正。专家的评估可以提供不同视角下的问题反馈，确保分析结果的质量和适用性，提高团队协作效率。这一流程不仅突破了人工分析的局限性，通过应用AIGC技术提高了分析的广度和深度，也突破了AIGC工具的局限性。

二、创意生成

本阶段是创意过程的核心，设计师从历史、文化、艺术、自然等多种来源搜集灵感，并将这些灵感转化为具体的设计元素，如色彩、图案和形状，形成初步的设计概念。生成式AI具有强大的生成能力和创新潜力，在此阶段作为创意助手，通过智能生成和转换，帮助设计师快速捕捉和提炼设计灵感，生成具有创新性和实用性的设计元素，快速迭代设计概念，加速创意过程。如安踏为巴黎奥运会所设计的运动鞋，鞋款融入了“律动江山”这一元素，这一元素使用了AI和多媒体数字技术，重新构建和解读了传统山水艺术文化，不仅体现了安踏对中国文化的深刻理解和尊重，也展现了安踏在运动鞋设计上的创新精神和独特视角（图1-5、图1-6）。在这一阶段中，可以使用StyleGAN2，设计师输入参考图像或描述后，系统会自动生成一系列风格类似但又具有独特性的图像，供设计师选择和修改，帮助设计师探索不同的设计风格。也可以使用Midjourney的“—stop”参数，在图片生成过程中提前结束任务，从而生成模糊、细节较少的图片，这一功能既可以启发创意，又避免了“设计固化”。还可以使用Adobe Substance 3D等图案和纹理生成工具快速生成多样的图案、材质和纹理，通过调整参数，创建不同的视觉效果，增加设计的多样性，节省设计师的时间和精力。

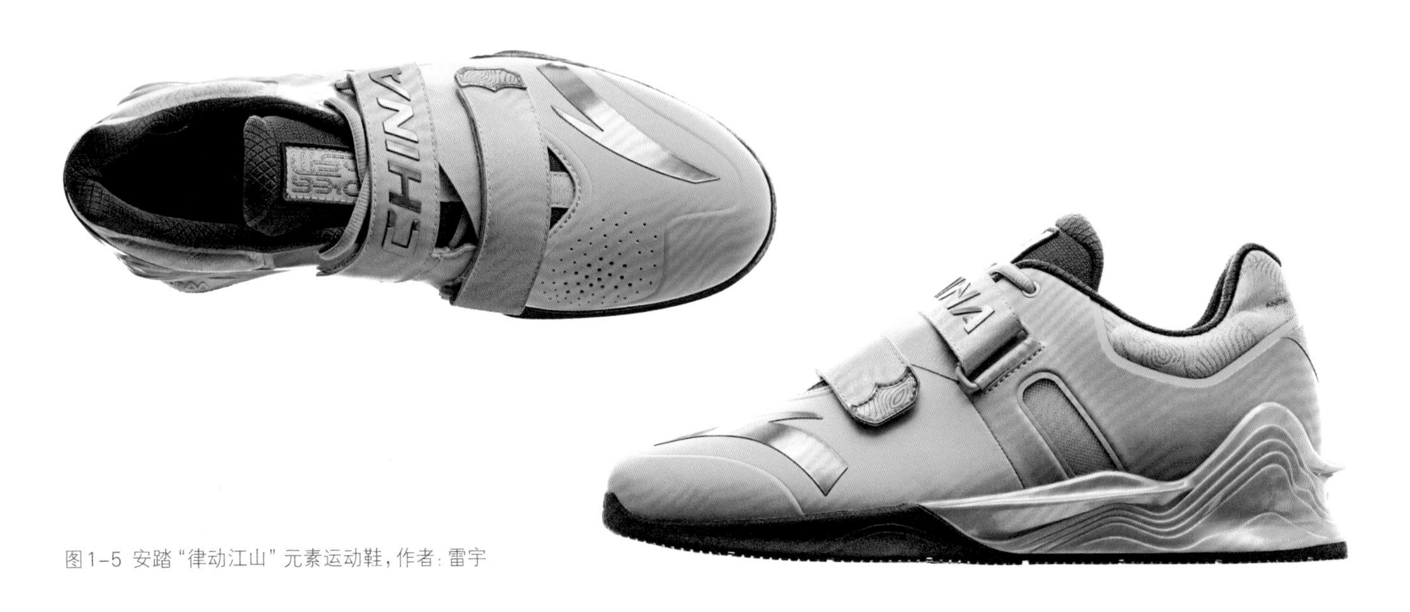

图1-5 安踏“律动江山”元素运动鞋，作者：雷宇

三、细化实施

在这一阶段，设计师需要将设计概念和构思的方案具体化，绘制详细的设计草图，并选择合适的面料和工艺来实现设计。关键是将创意转化为实际可操作的设计方案。生成式AI作为实现工具，在图形处理和材料匹配方面能够提供高效且精确的设计支持，辅助设计师绘制精确的设计草图，并根据设计元素智能匹配面料和工艺，减少人为错误，提高设计的实现质量和效率。在这一阶段，可以通过DALL-E、Stable Diffusion、Midjourney等主流AIGC 生图工具进行细化，将设计师上传的手绘草图转换为高质量的数字图像，便于进一步编辑、修改和分享，模拟真实的服装穿着效果，提前发现并解决潜在问题，小组讨论后确定最终方案，并渲染出细化的效果。

图1-6 安踏“律动江山”元素运动鞋底部，作者：雷宇

四、虚拟效果

在此阶段利用3D建模和虚拟试穿技术将设计转化为虚拟服装，并进行虚拟试穿，以评估设计效果并进行调整和优化。这一步是验证设计可行性的重要环节，核心是通过虚拟技术在实际制作之前发现并解决问题。在此阶段生成式AI将作为效果预览器，利用3D扫描和虚拟试穿技术把设计转化为虚拟服装进行虚拟试穿。通过VR和AR技术，模拟不同体型和环境条件下的穿着效果，提供全面的沉浸式试穿体验，收集用户反馈。这些工具具有高度的真实感和模拟能力，能够提供有效的设计验证，帮助设计师测试多种设计方案，提前发现设计中的问题并进行优化，减少实际制作的成本和时间，提高设计的成功率和市场竞争力。在这一阶段，Artec 3D、Autodesk Fusion 360等3D扫描和建模工具可以高精度地捕捉人体数据，生成高精度人体模型，确保虚拟试穿的效果尽可能接近实际情况。Zeekit和VueModel等虚拟试穿平台允许设计师上传设计文件，系统会自动生成虚拟服装并叠加到用户提供的照片或视频上，模拟真实的穿着效果。Marxent's VisualCommerce和Metail Virtual Fitting Room则提供在线试衣间体验，用户可以选择不同的服装进行试穿，并在不同场景下查看效果，设计师可以根据反馈进行调整。

作为一种新兴技术，生成式人工智能在不同领域定义的关注点有差异，这种多样性反映出AIGC跨学科融合与创新和发展的潜力。AIGC主要集中在文本、图像、音频、视频和跨模态生成等方面，其与各类应用场景的结合极大地丰富了设计的表现形式和创作手法。同时，AIGC技术与服装设计协作的发展历史表明，它在设计效率与质量提升、个性化与定制化设计，以及传统与现代工作流程的融合方面发挥了关键作用（图1-7）。然而，AIGC技术在服装设计中的应用也面临着一系列挑战，包括技术局限性、数据隐私和安全性问题，以及对设计师创意的潜在影响。此外，AIGC在服装设计领域中的工作流程包括流行趋势分析与创意构思、设计草图与款式生成、细节设计与面料选择、虚拟试衣与效果评估等多个环节。这些环节共同构成了AIGC服装设计的完整工作流程，体现了其高效、智能和个性化的特点。随着技术的不断进步和应用场景的拓展，AIGC有望在未来发挥更加重要的作用。因此，本文揭示AIGC技术的独特优势和潜在价值，以期为相关领域的学术研究和实践应用提供有益的参考和启示。同时，本文也期望能够激发更多对AIGC技术的关注和研究，推动其在更多领域的应用和发展。

图1-7 AIGC与服装设计相协作

第二章
AIGC在服装款式设计中的应用

第一节 基本概念

在服装设计领域，款式设计不仅是品牌调性的展现，更是满足消费者需求的主要方面，款式的创新和表现方式成为衡量设计师创造力的重要标准。随着技术的进步，生成式人工智能成为设计师强有力的辅助工具，使他们能够以更快的速度、更高的精度探索和实现设计理念。本章将深入探讨AIGC技术在款式设计中的应用，从虚拟服装款式生成到进阶设计迭代，展示AIGC技术如何成为现代服装设计师不可或缺的助手。

一、款式表现在服装设计中的重要性

款式的变化不仅是服装设计的核心，也是推动服装销量增长、满足消费者对新鲜感追求的关键因素。在快速变化的时尚界，消费者总是在寻找新颖独特的设计，以表达他们的个性和品位。因此，设计师和品牌通过不断创新款式，不仅能吸引消费者的注意，还能激发强烈的购买欲望，从而提升服装的销量。

例如，ZARA和优衣库等快时尚品牌，他们能够快速响应市场趋势，不断推出新款式，满足消费者对于时尚新鲜感的需求。这种快速迭代的款式更新策略，使得他们能够在竞争激烈的市场中保持领先地位，吸引大量的忠实顾客。

此外，款式的创新也能够创造出新的市场细分。以瑜伽服为例，过去人们可能只将其视为运动用品，但现在，随着款式和功能的不断创新，瑜伽服已经成为日常时尚穿搭的一部分。Lululemon品牌通过推出具有独特设计元素和颜色搭配的瑜伽服，成功地吸引了那些追求时尚、愿意为展示个性支付额外费用的消费者。

款式的变化还能满足消费者对于个性化和定制化的需求。随着个性化趋势的兴起，消费者越来越希望穿着能够反映自己独特身份和品味的服装。设计师和品牌通过提供多样化

的款式选择，使得每个人都能找到符合自己风格和需求的服装，从而增加了消费者的满意度和品牌的市场份额。

总的来说，款式的变化不仅是服装设计的艺术表达，更是商业成功的关键。通过不断创新和更新款式，品牌能够持续吸引消费者的关注，满足他们对新鲜感的追求，进而推动销量的增长，巩固市场地位。

二、生成式人工智能在款式设计中的优势和短板

生成式人工智能在服装款式设计中的应用，正在以前所未有的速度和范围改变着时尚行业的面貌。它带来了显著的优势，同时也引发了一些挑战，我们应当更全面地理解AIGC在这一领域的影响。

（一）AIGC技术在款式设计中的优势

1. 提升设计效率

AIGC工具如Midjourney在提升设计效率方面的表现尤为突出。Midjourney能够在数分钟内通过用户的简单指令生成复杂的款式草图，只需输入几个关键词或选择一些基本参数，一次四张图，可以一直不停地生成，在对算力要求更高的Fast hour模式下，速度更是提升好几倍；这种效率是传统设计流程无法比拟的（图2-1）。设计师可以利用这种高效率的工具快速迭代设计方案，实验不同的风格和元素，从而在短时间内确定最佳设计路线。这种工作模式极大地缩短了从概念到成品的时间，使品牌能够更快地响应市场变化，把握时尚趋势。

图2-1 使用Midjourney快速出系列设计图

2. 增强展示效果

通过使用如Adobe Sensei、Midjourney这样的AIGC工具，设计师可以创建出极为逼真的3D模型和动态展示效果（图2-2）。这些技术不仅使得设计展示更加生动，富有吸引力，还极大地提升了产品的市场呈现力。对消费者而言，能够在虚拟环境中看到服装的实际穿着效果，将大大提高了他们的购买意愿。

图2-2 使用Midjourney设计极具真实感的秀场图

3. 拓展创意边界

AIGC技术打破了传统设计过程中，灵感来自设计师人生体验和认知的局限，帮助设计师在极短的时间内探索和实验各种设计概念，从复古风格到未来主义，从大众市场到高端定制，AIGC的应用几乎没有界限。设计师可以将这些自动生成的款式作为灵感的源泉，进一步细化和完善，创造出真正具有市场竞争力的服装设计。这种方式不仅节省了大量的时间和资源，突破了自身的限制，更为设计师提供了一个全新的创作平台，激发了他们的创造潜能。

（二）AIGC技术在款式设计中的短板

带来巨大优势的同时，AIGC也带来了一些新的挑战。

1. 个性化和灵感的限制

尽管AIGC如Midjourney能够迅速生成大量的设计方案，但这些方案往往缺乏人类设计师的个性化体验和深层次情感。服装设计不仅是技术的展现，更是艺术和文化的表达。人类设计师通过自己的生活经验、文化理解和情感世界，创造出能够触动人心的作品，这是AIGC目前难以完全替代的。

2. 对技术依赖性增强

过度依赖AIGC工具可能会导致设计师在技能和创造力上的依赖性增强。长期依赖于AIGC生成的设计方案，设计师可能会逐渐丧失独立思考和手工制作的能力，创造动力不足，从而影响到设计的深度和广度。

3. 实践经验的缺失

AIGC生成的款式虽然在视觉上具有创新性，但由于缺乏人类设计师的实践经验和对材料特性的深入理解，一些设计在实际生产和穿着中可能难以实现。例如，一个在软件中看起来极具创新的设计，可能在选材、制作或者穿着舒适度上遇到挑战。设计师在AIGC的帮助下进行创作时，同时要考虑到这些设计的可行性和实用性。

总结而言，生成式人工智能在款式设计中既带来了巨大的机遇，也遇到了新的挑战。AIGC工具如Midjourney、Adobe Sensei和Stable Deffusion等，极大提升了设计效率，增强了展示效果，并拓宽了创意的边界（图2-3）。然而，个性化和灵感的限制、对技术的过度依赖，以及缺少实践经验带来的落地问题，都需要设计师在利用这些先进技术时加以考虑和平衡。未来的服装设计将是人类创造力和AIGC技术相结合的结果，这种融合不仅能推动时尚行业的创新，也能确保设计的深度和实用性。

图2-3 使用Midjourney做科幻主题服装设计

第二节 虚拟服装款式生成

一、用关键词生成服装款式的逻辑

使用AIGC工具生成服装款式可以通过几种方式：控制关键词、上传参考图像、调整生成参数、多种操作流程结合等。从更具指导意义和学习价值的角度考虑，本章节主要以Midjourney为例，详细讲解通过控制关键词来生成服装款式的逻辑（图2-4）。

在各种AIGC工具层出不穷的今天，用AI做一张图已经不是什么有难度的事，尽管有着“无需专业基础”“无门槛”等一系列优点，但大部分人并不能借助AI轻松获得理想中的设计作品，尤其是根据要求定向产出——难点就在于“Prompt”，也就是日常所说的“关键词”“提示词”“咒语”。

图2-4 Midjourney软件界面图

关键词逻辑是一门极深的学问，由于AI是扩散模型，如果不输入精准的文字描述，生成结果可能十分随机，甚至与设计需求相去甚远。因此如何撰写出完美的关键词，如何让AIGC模型按照设计师预想的方式产出结果，是至关重要的。

关键词的长度、顺序、英文表述准确度，都会影响Midjourney出图的效果（图2-5），具体效果可见案例。

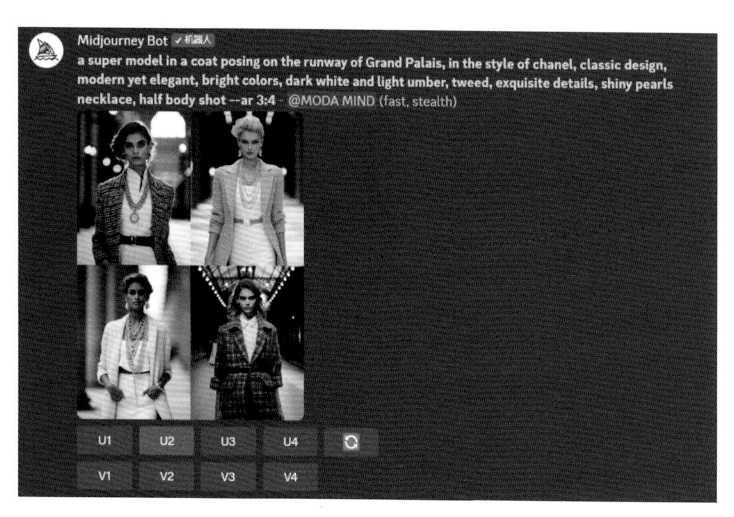

图2-5 Midjourney生成界面图

关键词生成案例 1

关键词生成案例见图2-6、图2-7。

A关键词

身穿外套的模特，黑白风格，半身照。

A model in a coat, in the style of black and white, half body shot.

图2-6 黑白风格服装设计图

B关键词

一位超级模特身着大衣在巴黎大皇宫的T台上摆姿势，香奈儿风格，经典设计，现代而优雅，色彩鲜艳，深白色和浅棕色，粗花呢，精致的细节，闪亮的珍珠项链，半身照。

A super model in a coat posing on the runway of Grand Palais, in the style of Chanel, classic design, modern yet elegant, bright colors, dark white and light umber, tweed, exquisite details, shiny pearls necklace, half body shot.

图2-7 香奈儿风格服装设计图

以上可以看出，掌握精准的关键词，不需要上传参考图，一样可以做出香奈儿秀场款。

为了更好满足行业需求，提高出图效率和准确度，在MODA MIND项目中，我们总结出一套服装设计关键词公式：

服装设计关键词基本结构＝主体＋基本款式＋连接词＋风格＋颜色＋材质＋工艺细节＋配饰品＋构图＋参数

主　　体：准确的模特描述，性别/年龄/五官特征/发型发色等
基本款式：裙装/裤装/吊带/西装等
连 接 词：in the style of
风　　格：服装年代、剪裁及造型风格描述
颜　　色：准确的服装、印花颜色描述
材　　质：服装面料、质感描述
工艺细节：钉珠、镶钻、刺绣、水洗等工艺描述
配 饰 品：腰带、头饰、珠宝、鞋靴等描述
构　　图：焦距、主体占图片比例等
参　　数：见表2-1

想要持续稳定地用AI产出效果好的设计图，创作者本身的逻辑和美感缺一不可，掌握正确的关键词逻辑，可以大幅提升创作效率。本章内容的案例，都是无垫图，纯粹用关键词出图，且关键词都很精简，仅需十几、二十个单词，就能产出较好的效果，可以帮助初学者快速上手。

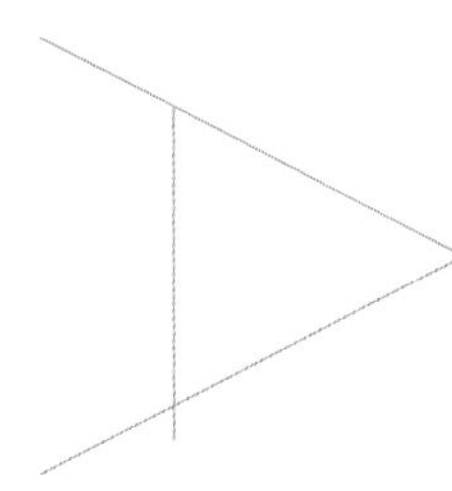

表2-1 Midjourney常用后缀指令参数@MODA MIND

后缀指令	说明	默认	范围	示例
--ar	图片比例	1∶1	/	--ar 9∶16
--stop	百分比停止	100	10-100	--stop 50
--q	图片质量	—	0.25-5	--q 2
--S	美学风格应用	100	0-1000	--stylize 500
--V	应用版本	5.2	5,5.1,5.2	--v5.2
--no	负面加权重	/	/	--no flower
--ni ji	专属动漫风格	/	/	--ni ji 5
--tile	四方连续	/	/	--tile
--iw	图像权重	1	0.5-2	--iw 2
--video	生成视频	/	-video仅在V1,2,3生效	--Video
∶∶	提示占比权重	/	/	hot∶∶2 dog∶∶1
--seed	随机种子	随机	0-4294967295	--seed 888

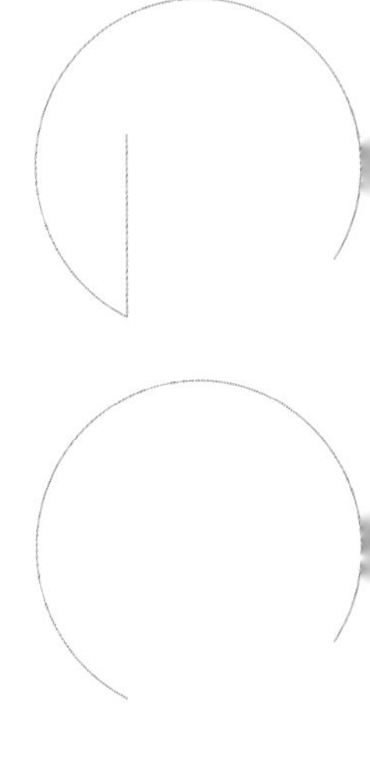

二、用关键词生成不同类型的服装款式

操作逻辑：根据上一节讲到的服装设计关键词公式，可以从主体（模特性别/特征描述）、款式类别（不同类型服装中的特定款式如连衣裙、晚礼服、商务西装、哈衣等）、风格（不同类型服装中的主流风格如优雅、波西米亚、雅痞绅士等）、材质（不同类型服装中的特色材质如蕾丝、绸缎等）、配饰品（如高跟鞋、口袋巾、婴儿发箍等），综合控制关键词，设计出符合要求的服装款式。

女装 Women's Wear（图2-8）

重点关键词举例
长卷发金发女性（Long Curly Blonde Woman）
年轻亚洲女性（Young Asian Woman）
红发女性（Red-haired Woman）
A字裙（A-line Skirt）
高腰直筒裤（High-waisted Straight Pants）
吊带露背连衣裙（Backless Spaghetti Strap Dress）
经典女士西装（Classic Women's Suit）
柔美（Delicate）
夏日轻盈（Summer Breeze）
20世纪50年代复古风格（1950s Retro Style）
现代极简剪裁（Modern Minimalist Tailoring）
波西米亚风格（Bohemian Style）
深蓝色天鹅绒（Navy Blue Velvet）
粉色花卉印花（Pink Floral print）
亮银色亮片（Bright Silver Sequins）
优雅蕾丝（Elegant Lace）
丝绸缎面（Silk Satin）
透气棉麻（Breathable Cotton Linen）
柔软仿皮（Soft Faux Leather）
手工钉珠（Hand-beaded）
镶钻装饰（Diamante Embellishments）
细致刺绣（Delicate Embroidery）
流苏装饰（Tassel Embellishment）
轻柔水洗丹宁（Soft-washed Denim）
细腰带（Slim Belt）
头巾式头饰（Turban-style Headpiece）
珍珠项链（Pearl Necklace）
高跟鞋（High Heels）

图2-8 MODA MIND女装作品

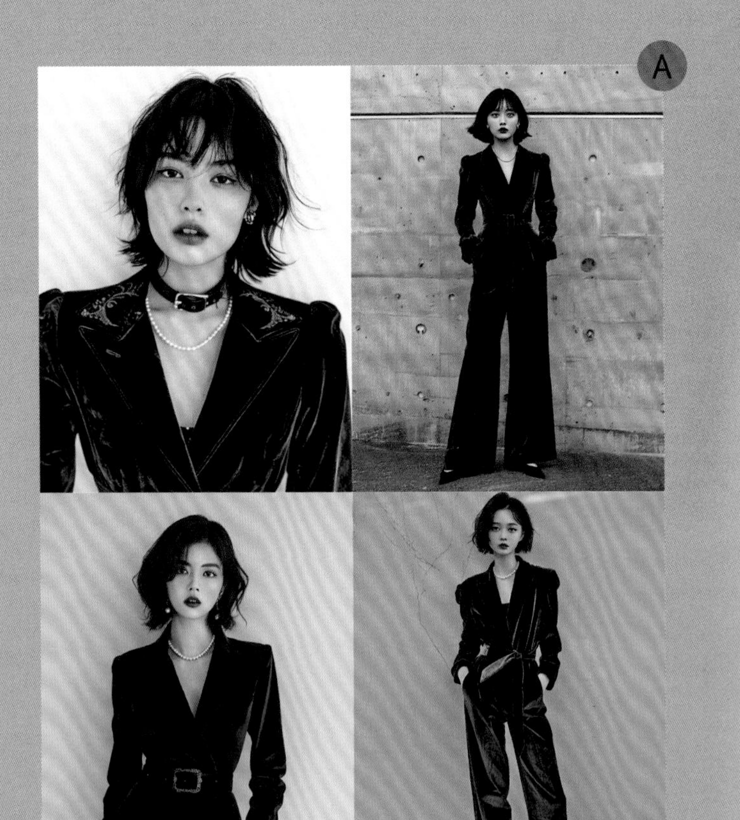

图2-9 女装设计案例A

图2-10 女装设计案例B

关键词生成案例 2

关键词生成案例见图2-9、图2-10。

A关键词

年轻亚洲女性，短黑发，穿着高腰直筒裤配以经典女士西装，现代极简剪裁风格。服装颜色为深蓝色天鹅绒，采用透气棉麻制成，细节上加入细致刺绣。配饰包括细腰带和珍珠项链，穿着绒面革高跟鞋。

Young Asian woman, short black hair, wearing high-waisted straight pants paired with a classic women's suit, in the style of modern minimalist tailoring. The outfit color is navy blue velvet, made from breathable cotton linen, with delicate embroidery details. Accessories include a slim belt and a pearl necklace, with suede high heels.

B关键词

红发女性，绿眼睛，身穿A字裙配波西米亚风格上衣。裙装装饰有亮银色亮片，采用柔软仿皮材质，加入镶钻装饰和轻柔水洗丹宁细节。配饰有细腰带和珍珠项链，穿着绒面革高跟鞋。

Red-haired woman, green eyes, dressed in an A-line skirt combined with a top in the style of Bohemian. The skirt is adorned with bright silver sequins, made from soft faux leather, including diamante embellishments and soft-washed denim details. Complemented with a slim belt and a pearl necklace, wearing suede high heels.

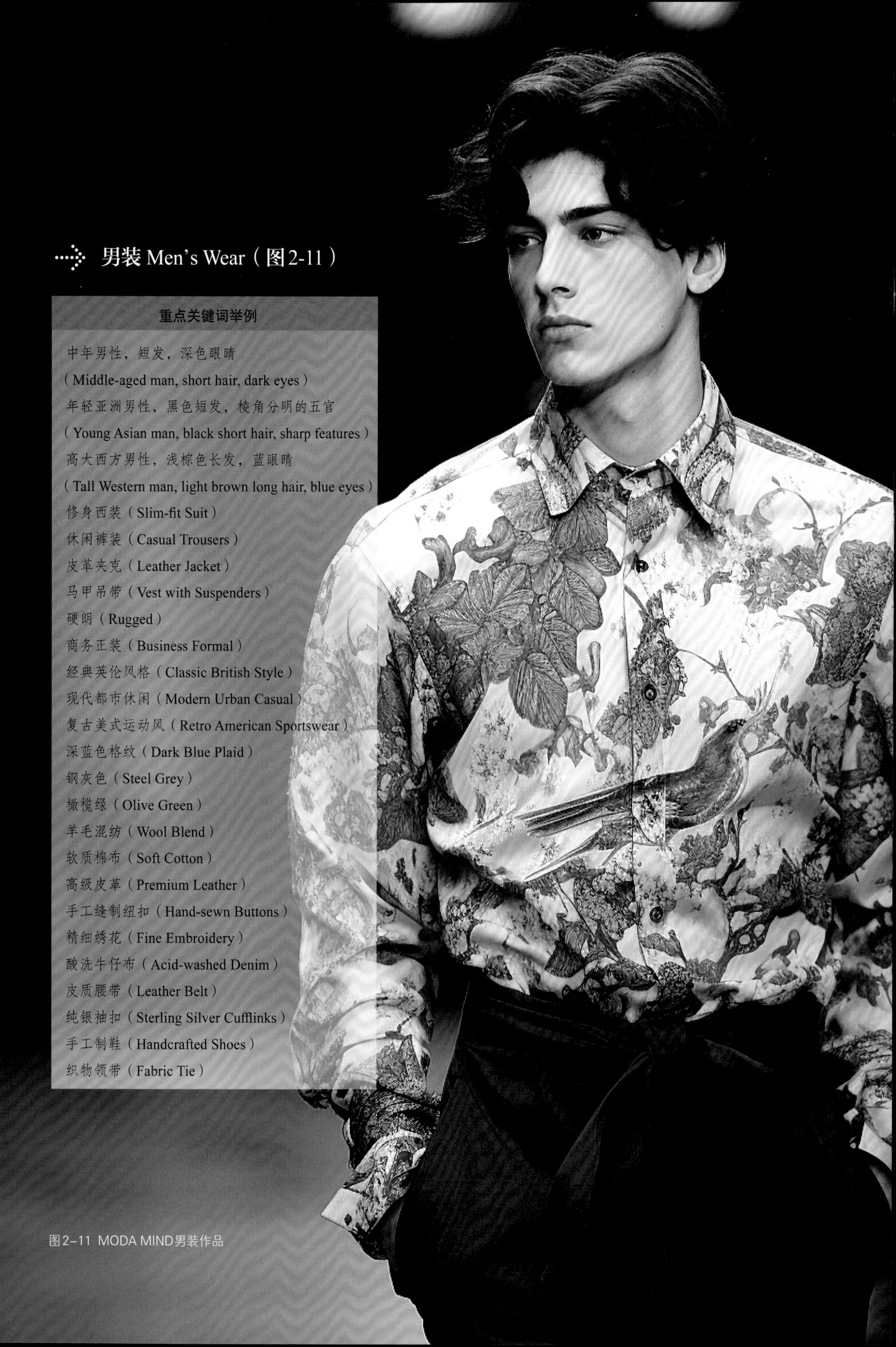

男装 Men's Wear（图2-11）

重点关键词举例

中年男性，短发，深色眼睛
（Middle-aged man, short hair, dark eyes）
年轻亚洲男性，黑色短发，棱角分明的五官
（Young Asian man, black short hair, sharp features）
高大西方男性，浅棕色长发，蓝眼睛
（Tall Western man, light brown long hair, blue eyes）
修身西装（Slim-fit Suit）
休闲裤装（Casual Trousers）
皮革夹克（Leather Jacket）
马甲吊带（Vest with Suspenders）
硬朗（Rugged）
商务正装（Business Formal）
经典英伦风格（Classic British Style）
现代都市休闲（Modern Urban Casual）
复古美式运动风（Retro American Sportswear）
深蓝色格纹（Dark Blue Plaid）
钢灰色（Steel Grey）
橄榄绿（Olive Green）
羊毛混纺（Wool Blend）
软质棉布（Soft Cotton）
高级皮革（Premium Leather）
手工缝制纽扣（Hand-sewn Buttons）
精细绣花（Fine Embroidery）
酸洗牛仔布（Acid-washed Denim）
皮质腰带（Leather Belt）
纯银袖扣（Sterling Silver Cufflinks）
手工制鞋（Handcrafted Shoes）
织物领带（Fabric Tie）

图2-11 MODA MIND男装作品

关键词生成案例 3

关键词生成案例见图2-12、图2-13。

图2-12 男装设计案例A

A关键词

年轻亚洲男性，黑色短发，棱角分明的五官，穿着修身西装，现代都市休闲风格。服装颜色为深蓝色格纹，羊毛混纺材质，加入手工缝制纽扣的细节。搭配皮质腰带和纯银袖扣，脚穿手工制鞋。

Young Asian man, black short hair, sharp features, wearing a slim-fit suit in modern urban casual style. The outfit is dark blue plaid, made of wool blend, with hand-sewn button details. Paired with a leather belt and sterling silver cufflinks, wearing handcrafted shoes.

图2-13 男装设计案例B

B关键词

中年男性，短发，深色眼睛，身穿皮革夹克，经典英伦风格。夹克采用高级皮革，颜色为钢灰色，工艺上突出精细绣花。配饰包括织物领带和手工制鞋。

Middle-aged man, short hair, dark eyes, wearing a leather jacket in classic British style. The jacket is made of premium leather in steel grey, featuring fine embroidery. Accessories include a fabric tie and handcrafted shoes.

童装 Children's Wear（图2-14）

重点关键词举例	
小女孩，金色长卷发（Little Girl, Golden Curly Hair）	年轻男孩，棕色短发（Young Boy, Brown Short Hair）
小童，黑色直发，东亚面孔特征（Toddler, Black Straight Hair, East Asian Facial Features）	
蓬蓬裙（Puffy Dress）	图案T恤配牛仔裤（Graphic Tee With Jeans）
棉质吊带裤（Cotton Overalls）	迷你西装（Mini Suit）
现代休闲可爱（Modern Casual Cute）	活泼卡通图案（Vibrant Cartoon Patterns）
复古风格印花（Retro Print Style）	运动休闲风（Sporty Casual Style）
柔和粉色（Soft Pink）	明亮的海蓝色（Bright Sea Blue）
多彩条纹（Colorful Stripes）	透气棉（Breathable Cotton）
舒适的软绒（Comfortable Soft Fleece）	环保再生面料（Eco-friendly Recycled Fabric）
精美刺绣动物图案（Delicate Embroidered Animal Motifs）	手工缝制贴花（Hand-sewn Appliques）
安全无扣设计（Safe Buttonless Design）	水洗牛仔布（Washed Denim）
缤纷头带（Colorful Headbands）	卡通图案背包（Cartoon Pattern Backpacks）
软底运动鞋（Soft-soled Sneakers）	闪光灯小鞋（Flashing Light Shoes）

图2-14 MODA MIND童装作品

关键词生成案例 4

关键词生成案例见图2-15、图2-17。

A关键词

儿童蓝色皮衣连衣裙，风格简约大方，淡蓝色，可爱，简约调色板。

Children's blue leather dress, in the style of simple and elegant style, baby blue, cute, minimalist palette.

图2-15 童装设计案例A

图2-16 童装设计案例B

B关键词

小女孩，金色长卷发，蓝眼睛，穿着柔和粉色蓬蓬裙，现代休闲可爱风格。裙子采用透气棉材质，装饰有精美刺绣动物图案。搭配缤纷头带和软底运动鞋。

Little girl, golden curly hair, blue eyes, wearing a soft pink puffy dress, modern casual cute style. The dress is made of breathable cotton, adorned with delicate embroidered animal motifs. Paired with colorful headbands and softsoled sneakers.

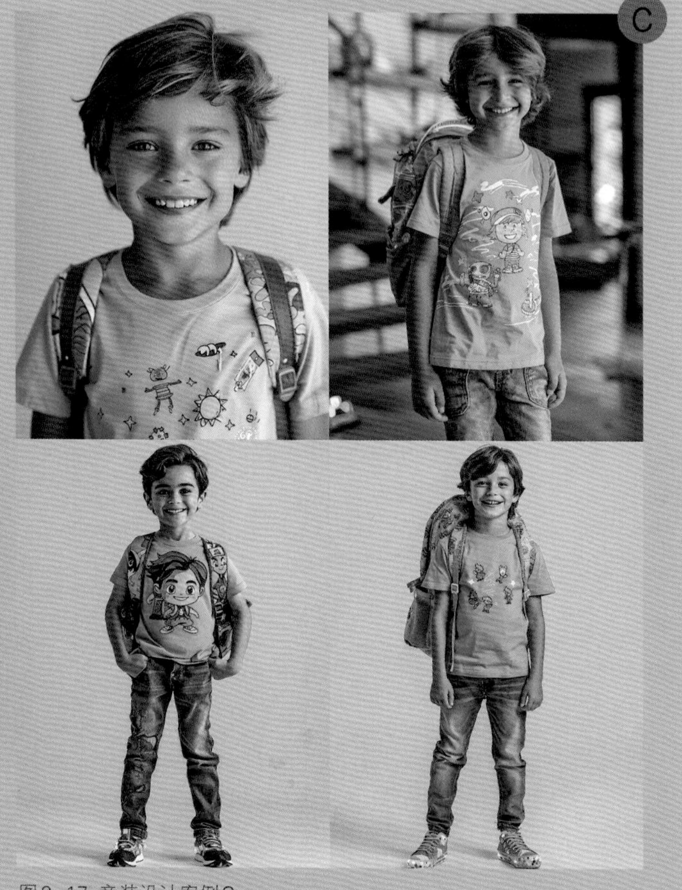

图2-17 童装设计案例C

C关键词

年轻男孩，棕色短发，灿烂笑容，身穿明亮海蓝色的图案T恤配牛仔裤，运动休闲风。T恤和牛仔裤使用环保再生面料，牛仔裤采用水洗工艺。搭配卡通图案背包和闪光灯小鞋。

Young boy, brown short hair, bright smile, wearing a bright sea blue graphic tee with jeans, sporty casual style. The tee and jeans are made of eco-friendly recycled fabric, with washed denim jeans. Paired with a cartoon pattern backpack and flashing light shoes.

三、用关键词生成不同风格的服装款式

在服装设计中，不同功能的服装带来对款式风格的多样性要求。利用AIGC技术，设计师通过加入相关的材质关键词如“高弹”和“透气”，便能迅速生成符合特定运动需求的款式，这些设计不仅线条流畅，剪裁合理，也符合运动装对性能的要求；同样，对于新中式服装，通过混合使用关键词如“中式立领”和“现代解构设计”，AIGC能够帮助设计师捕捉到合适的细节造型，以确保生成的服装既能反映出所需的文化韵味，又能体现出创新的当代感。

运动装 Sportswear（图2-18）

重点关键词举例

运动紧身衣（Sports Leggings）
运动短裤（Sports Shorts）
运动背心（Sports Tank Tops）
运动外套（Sports Jackets）
运动型文胸（Sports Bras）
瑜伽裤（Yoga Pants）
阿迪达斯（Adidas）
耐克（Nike）
彪马（Puma）
安德玛（Under Armour）
露露乐蒙（Lululemon）
锐步（Reebok）
透气面料（Breathable Fabric）
高弹力（High Elasticity）
吸湿排汗（Moisture-wicking）
抗菌防臭（Antibacterial and Odor-resistant）
轻量（Lightweight）

操作逻辑： 生成面向特定运动的服装时，如瑜伽服，将“透气 Breathable”“弹力 Elastic”与“瑜伽 Yoga”相结合，以期得到既符合运动功能又舒适的设计。在做运动装设计图时，除了使用垫图外，关键词中加入该品类知名品牌名称可以更快速准确的得到想要的效果。

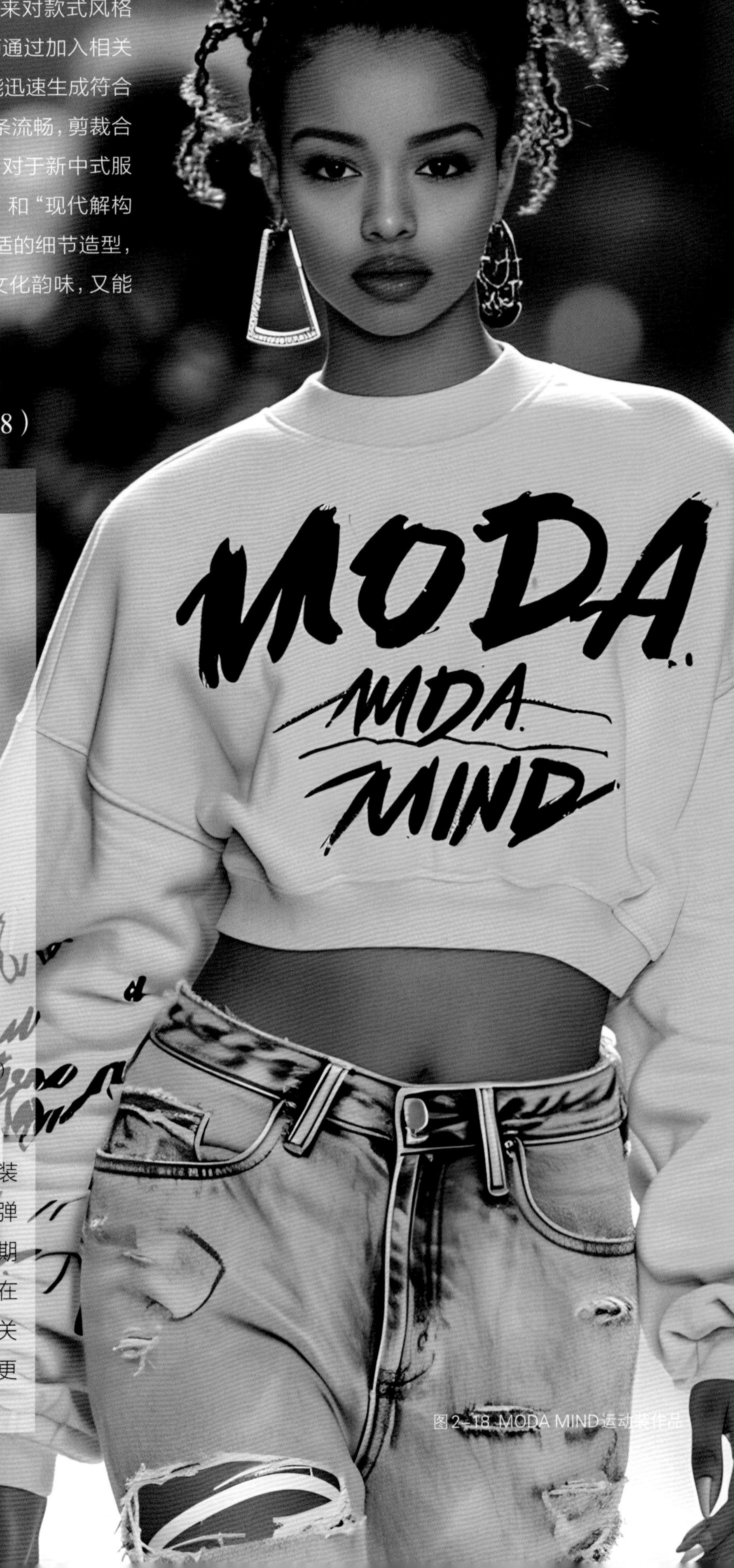

图2-18 MODA MIND运动装作品

关键词生成案例 5

关键词生成案例见图2-19、图2-20。

图2-19 运动装设计案例A

A关键词

模特穿着长款白色羽绒服和黑色牛仔裤，蒙克利尔、加拿大鹅风格，夜光品质，醒目的标签，温暖的色调范围，清晰的边缘清晰度，高清。

A model wearing a long white down coat and black jeans, in the style of Moncler, Canada Goose, luminous quality, eye-catching tags, warm tonal range, clear edge definition, whistlerian, high definition.

图2-20 运动装设计案例B

B关键词

露露乐蒙深红色运动夹克，风格微妙柔和的色调，流畅的曲线，浅紫色和浅灰色，纯色，古典风格，深粉色和深绿色，身材曲线。

Lululemon athletica jacket in crimson, in the style of subtle pastel tones, smooth and curved lines, light purple and light grey, pure color, classical style, dark pink and dark green, whiplash curves.

⋯> 休闲装 Casual Wear（图2-21）

重点关键词举例
宽松剪裁（Loose Fit）
超大号设计（Oversized Design）
舒适裤装（Relaxed Trousers）
宽松卫衣（Baggy Hoodies）
舒适棉质（Comfortable Cotton）
纯棉T恤（Pure Cotton Tees）
棉质运动裤（Cotton Joggers）
柔软针织（Soft Knitwear）
日常穿搭（Daily Outfit）
休闲基本款（Casual Basics）
居家服装（Home Wear）
简约风格（Minimalist Style）
复古潮流（Retro Trend）
80年代风格（1980s Style）
复古印花（Vintage Prints）
老式运动鞋（Retro Sneakers）
街头风（Street Style）
嘻哈元素（Hip-hop Elements）
涂鸦艺术（Graffiti Art）
街头潮牌（Streetwear Brands）
环保材质（Eco-friendly Materials）
层次搭配（Layered Looks）

操作逻辑：想要创造具有复古风格的休闲装时，可以将“复古潮流 Retro Trend”和“宽松剪裁 Loose Fit”关键词结合使用，打造既时髦又舒适的日常穿搭选项。

图2-21 MODA MIND休闲装作品

关键词生成案例 6

关键词生成案例见图2-22、图2-23。

图2-22 休闲装设计案例A

A关键词

男士宽松剪裁牛仔裤，舒适棉质T恤，复古潮流运动鞋，日常穿搭，街头风格帽子。强调休闲舒适与复古街头时尚的结合，完美适合日常穿着。

Men's loose fit jeans, comfortable cotton tee, retro trend sneakers, daily outfit, street style hat. Emphasizing casual comfort with a touch of retro street fashion, perfect for everyday wear.

图2-23 休闲装设计案例B

B关键词

宽松剪裁针织衫，舒适棉质长裤，日常穿搭配复古潮流背包，街头风格运动帽。这一造型融合了舒适性与复古时髦，理想选择对于那些在日常衣橱中重视放松剪裁与复古氛围的人。

Loose fit knit sweater, comfortable cotton pants, daily outfit with retro trend backpack, street style sports cap. This look blends comfort and retro chic, ideal for those who appreciate a relaxed fit and vintage vibes in their daily wardrobe.

新中式 Modern Chinese Style（图2-24）

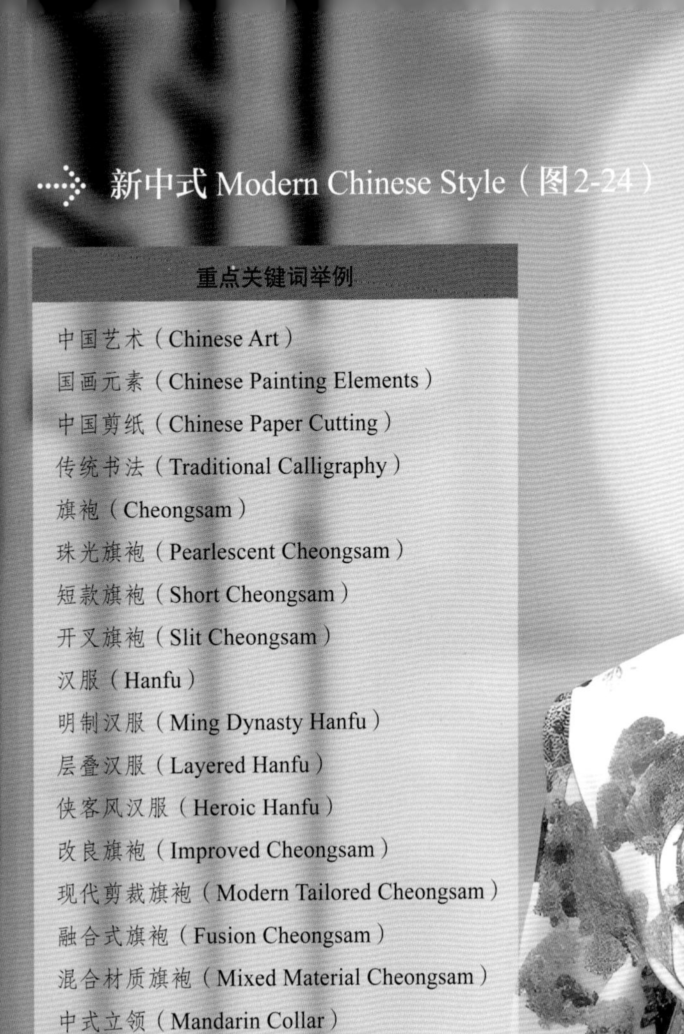

重点关键词举例
中国艺术（Chinese Art）
国画元素（Chinese Painting Elements）
中国剪纸（Chinese Paper Cutting）
传统书法（Traditional Calligraphy）
旗袍（Cheongsam）
珠光旗袍（Pearlescent Cheongsam）
短款旗袍（Short Cheongsam）
开叉旗袍（Slit Cheongsam）
汉服（Hanfu）
明制汉服（Ming Dynasty Hanfu）
层叠汉服（Layered Hanfu）
侠客风汉服（Heroic Hanfu）
改良旗袍（Improved Cheongsam）
现代剪裁旗袍（Modern Tailored Cheongsam）
融合式旗袍（Fusion Cheongsam）
混合材质旗袍（Mixed Material Cheongsam）
中式立领（Mandarin Collar）
高领设计（High Collar Design）
立领西装（Mandarin Collar Suit）
立领衬衫（Mandarin Collar Shirt）
传统印花（Traditional Print）
莲花图案（Lotus Pattern）
龙凤图腾（Dragon and Phoenix Totem）
窗花图案（Window Grille Pattern）
现代解构（Modern Deconstruction）

操作逻辑：设计新中式风格的服装时，可以将“改良旗袍 Improved Cheongsam”与“现代解构 Modern Deconstruction”相结合，创造既有传统韵味又不失现代感的款式。

图2-24 MODA MIND新中式服装作品

图2-25 新中式服装设计案例A

图2-26 新中式服装设计案例B

关键词生成案例 7

关键词生成案例见图2-25、图2-26。

A关键词

改良版旗袍，结合现代解构设计，中式立领，采用带有传统印花的创新面料，展现现代与传统融合的新中式风格。

Improved Cheongsam with modern deconstruction, Mandarin collar, innovative fabric with traditional print, showcasing a fusion of modern and tradi-tional New Chinese style.

B关键词

汉服改良款式，现代解构元素，中式立领，运用传统印花和创新面料，体现传统美学在现代设计中的新生。

Modified Hanfu with modern deconstruction elements, Mandarin collar, traditional prints and innovative fabrics, reflecting the rebirth of traditional aesthetics in modern design.

⋯➢ 礼服 Formal Wear（图2-27）

重点关键词举例
优雅长裙（Elegant Gown）
豪华晚礼服（Luxurious Evening Dress）
定制礼服（Custom-made Gown）
流苏装饰长裙（Fringe Decorated Gown）
晚宴（Evening Party）
盛大庆典（Grand Gala）
高级鸡尾酒会（Upscale Cocktail Party）
正式宴会（Formal Banquet）
红毯造型（Red Carpet Look）
明星风范（Celebrity Style）
电影首映礼装（Movie Premiere Attire）
奖项典礼着装（Awards Ceremony Outfit）
丝绸（Silk）
缎面（Satin）
绉纱（Chiffon）
乔其纱（Georgette）
珠宝点缀（Jewel Embellishment）
水晶装饰（Crystal Decoration）
珍珠细节（Pearl Detailing）
金银线绣（Gold and Silver Thread Embroidery）

操作逻辑：为红毯事件设计礼服时，结合“红毯造型 Red Carpet Look”和“珠宝点缀 Jewel Embellishment”关键词，以生成华丽且吸引眼球的高端定制款式。

图2-27 MODA MIND礼服作品

关键词生成案例 8

关键词生成案例见图2-28、图2-29。

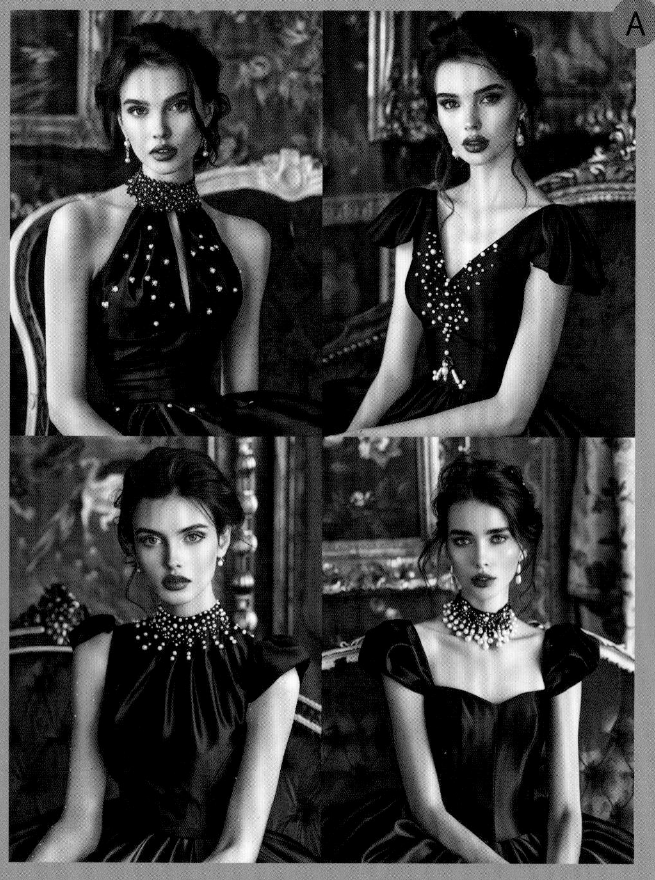

图2-28 礼服设计案例A

A关键词

优雅长裙，豪华晚礼服，电影首映礼装，缎面丝绸，珍珠细节点缀，红毯造型，经典黑色。

Elegant gown, luxurious evening dress, movie premiere attire, satin silk, pearl detailing embellishment, red carpet look, classic black.

图2-29 礼服设计案例B

B关键词

流苏装饰长裙，盛大庆典服饰，红毯造型，乔其纱丝绸，金银线绣，晚宴造型，璀璨金色。

Fringe decorated gown, grand gala attire, red carpet look, georgette silk, gold and silver thread embroidery, evening party style, glistening gold.

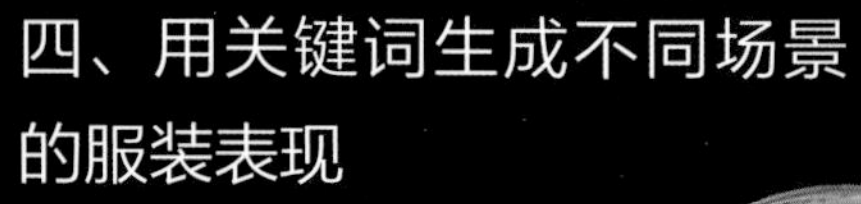

四、用关键词生成不同场景的服装表现

在本节内容中，我们将结合具体示例深入探讨如何通过关键词激发AIGC工具的潜力，创造出符合各种场合需求的服装：无论是为T台打造的华丽礼服还是为街头设计的潮流休闲装，用合适的关键词可以帮助我们精确捕获每个场景的核心需求。

秀场图 Runway Image（图2-30）

重点关键词举例
秀场（Runway）
时装周（Fashion Week）
设计师品牌展示（Designer Brand Showcase）
秀场后台（Runway Backstage）
时装发布会（Fashion Show Presentation）
时装周街拍（Fashion Week Street Style）
买手秀场（Buyer's Show）
高级定制（Haute Couture）
模特走秀（Model Runway）
独特造型（Unique Silhouette）
艺术性（Artistry）
舞台效果（Stage Effect）

操作逻辑：创建旨在展现设计艺术性的秀场图时，可以利用“高级定制 Haute Couture”和“独特造型 Unique Silhouette”等关键词，以强调服装的创新性和视觉冲击力。

图2-30 MODA MIND秀场作品

关键词生成案例 9

关键词生成案例见图2-31、图2-32。

图2-31 秀场图设计案例A

A关键词

模特穿着灵感来自Alexander McQueen的深海蓝与银灰色调手工艺术装，展示结构主义与自然主义融合的设计风格，服装特点为复杂层次与精致刺绣，呈现出独特的前卫艺术感。

A model wears handcrafted art wear in deep sea blue and silver grey tones, inspired by Alexander McQueen, showcasing a design style that blends structuralism with naturalism, featuring complex layers and exquisite embroidery, presenting a unique avant-garde artistic sense

图2-32 秀场图设计案例B

B关键词

模特走秀，身着受Comme des Garçons启发的鲜红与纯白色调服装，服装设计突出层叠结构与几何形态，结合实验性布料和大胆色彩，展示出强烈的后现代风格与创造力。

A model walks down the runway in attire inspired by Comme des Garçons, in vivid red and pure white tones, the design emphasizes layered structures and geometric shapes, combined with experimental fabrics and bold colors, showcasing a strong postmodern style and creativity.

街拍图 Street Photos（图2-33）

重点关键词举例
市区街道（City Streets）
都市风景（Urban Scenery）
文化区（Cultural District）
艺术墙面（Art Walls）
咖啡馆前（In Front of Cafes）
层次感搭配（Layered Outfits）
街头运动风（Street Sport Style）
日常休闲装（Casual Everyday Wear）
办公室风格（Office Style）
周末休闲（Weekend Casual）
混搭风格（Mix and Match Style）
时尚博主推荐（Fashion Blogger Favorites）
日常搭配（Everyday Style）

操作逻辑：生成展现日常穿搭风格的街拍图时，结合“都市风景 Urban Scenery”和“个性表达 Personal Expression”关键词，突出服装在实际生活场景中的时尚与实用性。

图2-33 MODA MIND街拍作品

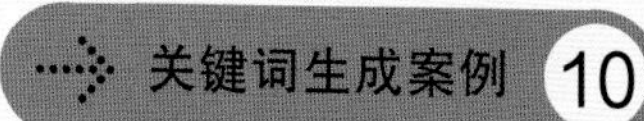

关键词生成案例见图2-34、图2-35。

A关键词

文化区艺术墙面前，身着复古回潮与街头运动风的时装博主，佩戴个性印花配饰，舒适旅行装配合质感面料。展现出对个性表达和时尚感的追求，同时融入都市风景中。

Fashion blogger in front of the art wall in the cultural district, wearing retro revival and street sport style fashion, adorned with personalized print accessories, comfortable travel outfits matched with textured fabrics. Demonstrates the pursuit of personal expression and fashion sense, while blending into the urban scenery.

图2-34 街拍图设计案例A

B关键词

人行道上穿着格子外套和运动鞋的女人，深白色和浅白色的风格，层次丰富，干净流线型，巴黎学院派，线条干净，风格混搭。

Woman wearing a plaid coat and sneakers on the sidewalk, in the style of dark white and light white, richly layered, clean and streamlined, paris school, clean-lined, mashup of styles.

图2-35 街拍图设计案例B

静态展示图 Display Image（图2-36）

重点关键词举例

高清拍摄（High-Definition Photography）
背景简约（Minimalist Background）
衣架（Hanger）
立体挂展（Three-dimensional Hanging）
悬挂效果图（Hanging Effect Picture）
衣物悬挂姿态（Garment Hanging Posture）
模特人台展示（Mannequin Display）
设计展示人台（Design Display Mannequin）
人台服饰搭配（Mannequin Garment Coordination）
人台挂拍效果（Mannequin Hanging Photography）

图2-36 MODA MIND静态展示图作品

关键词生成案例 11

关键词生成案例见图2-37~图2-39。

A关键词

一件粉红色的连衣裙挂在衣架上，有腰带，线条简洁，外观干净利落，边缘柔和，色彩柔和。

A pink dress is shown hanging with belt on hanger, in the style of clean minimalist lines, crisp and clean look, soft-edged, muted colors.

图2-37 静态展示图设计案例A

图2-38 静态展示图设计案例B

B关键词

挂在衣架上的一件米色羊皮夹克，设计风格细致，白色背景，质感粗犷，韩流，粉色和米色，自然与人造元素相结合，细腻的绘画触感。

A beige jacket made of sheepskin on a hanger, in the style of meticulous design, white background, rough texture, hallyu, pink and beige, combining natural and man-made elements, delicate painterly touch.

图2-39 静态展示图设计案例C

C关键词

人台上展示着蓝色的连衣裙，水墨风格，纯色，缝合线，复古风格，磨损工艺，平衡对称，标志性，白色背景。

A dress with a blue the side on the mannequin, in the style of ink-washed, pure color, whiplash line, vintage-inspired, frayed, balanced symmetry, iconic, white back ground.

Lookbook前后视图（图2-40）
Lookbook Front and Back View

重点关键词举例
正背面视图（Front and back view）
前后多角度视图（Front and rear multi angle display）
全方位展示（All-around Display）
多角度（Multiple Angles）
视觉叙事（Visual Narrative）
细节对比（Detail Comparison）

操作逻辑： 多角度视图一开始出图不是很稳定，建议在关键词的顺序上，“front and rear multi angle display”直接跟在连接词“in the style of”后，训练几轮后会相对稳定。个别正背面的细节无法做到一模一样，可以通过筛选和使用Photoshop进一步优化。

图2-40 MODA MIND前后视图作品

关键词生成案例 12

关键词生成案例见图2-41、图2-42。

图2-41 前后视图设计案例A

A关键词

模特身穿长款羽绒服，前后多角度展示风格，韩式风格，浅棕色和米色，前后视图，高对比度阴影，纯白色背景，流行色彩主义，材质仿真，不加修饰，创意设计，优雅风格。

Model in long down jacket, in the style of front and rear multi angle display, Korean style, light brown and beige, front and back view, high-contrast shading, solid white background, pop colorism, imitated material, unembellished, creative design, elegant.

图2-42 前后视图设计案例B

B关键词

模特身穿休闲裤，正背面视图展示，韩风时尚，浅灰色和米色混搭，全方位展示，高对比度光影，纯白背景，流行色彩主义，仿皮材质，简洁设计，时尚舒适。

Model in casual pants, displayed in front and back view, Korean fashion style, light grey and beige mix, all-around display, high-contrast shading, solid white background, pop colorism, faux leather material, streamlined design, fashionably comfortable.

第三节 进阶款式设计与迭代

随着AI技术的不断迭代进步，工具如Midjourney的功能也在不断更新和扩展，带来了一系列创新的辅助功能和有时不为人知的“隐藏玩法”。在服装设计的进阶阶段，本节内容通过设计示例展现了这些技术应用在细节调整、系列开发以及创意灵感表达上的独特能力。

一、细节设计与调整

运用AIGC技术在设计细节上进行精确修改。

以MIdjourney为例，在已生成图片上做进一步修改主要通过局部重绘（Region）来实现。

关键词生成案例见图2-43～图2-46。

关键词

模特穿着连衣裙走在T台上，花朵印花风格，浪漫，浅粉色和粉色。

Model walking on the runway in a dress, in the style of floral print, romantic, light pink and pink --ar 3∶4 --s 250 - image.

（1）在使用以上关键词生成一件印花裙后，可能出现模特左肩肩膀（图片右侧）多了一条横向的肩带、裙摆下方露出半截手等不合理现象，此时可以点击图片下方的“Vary（Region）”进入局部重绘界面。

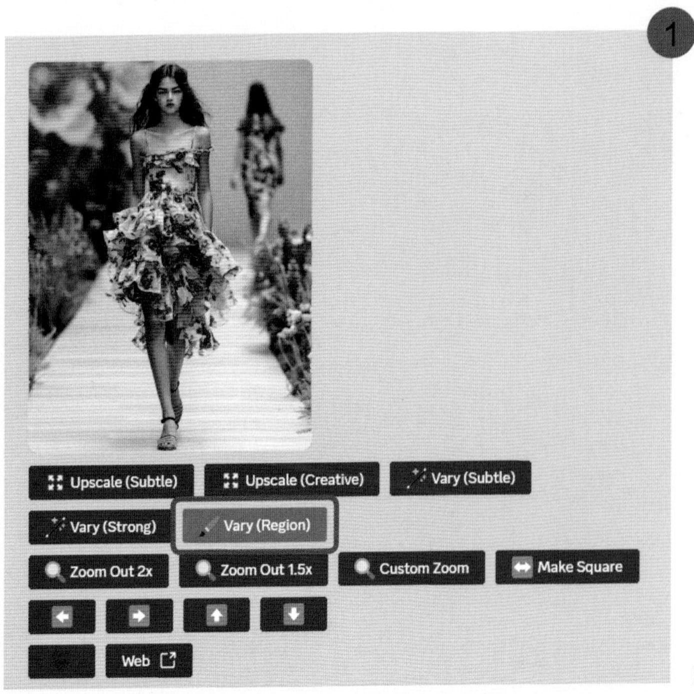

图2-43 步骤一

（2）在弹出的界面选择套索工具，选中需要调整的区域，点击右侧箭头即可。

（3）生成四张调整后的图片。

（4）细节调整后与前后图片的对比。

图2-44 步骤二

图2-45 步骤三

图2-46 最终效果图对比

除了调整细节以外，局部重绘还有很多隐藏玩法，可以做到款式设计的迭代：

（一）增加配饰

细节调整案例 2

关键词生成案例见图2-47～图2-50。

关键词

穿着绿色印花衬衫的漂亮模特，半身拍摄。

Beautiful model in a green print shirt, half body shot.

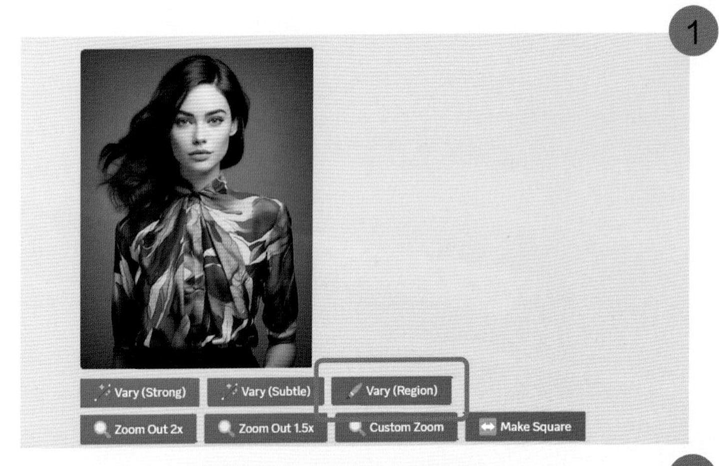

（1）我们先出一组模特图，选中喜欢的一张点击“U”放大。点击“Vary（Region）”功能键。

图2-47 步骤一

（2）假设现在需要在原图基础上加一副太阳镜，则可以使用局部重绘指令选中想添加搭配的区域。为了得到较好的款式，在重绘关键词对话框中可输入“香奈儿款式太阳镜 Chanel Sunglasses”。

点击右侧箭头得到一组新的图片，选择喜欢的图片放大保存即可。

图2-48 步骤二

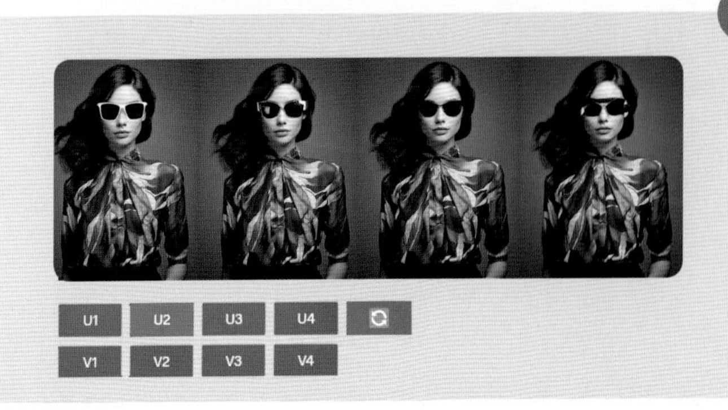

（3）若没有喜欢的图片，则可点击刷新图标重新生成，完成给模特图加上太阳镜的动作。

图2-49 步骤三

（4）细节调整后与前后图的对比。

图2-50 最终效果对比图

（二）相同模特换不同服装

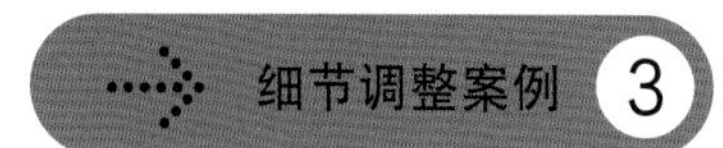

细节调整案例 3

关键词生成案例见图2-51～图2-53。

关键词

蓝色印花裙。

Blue print dress.

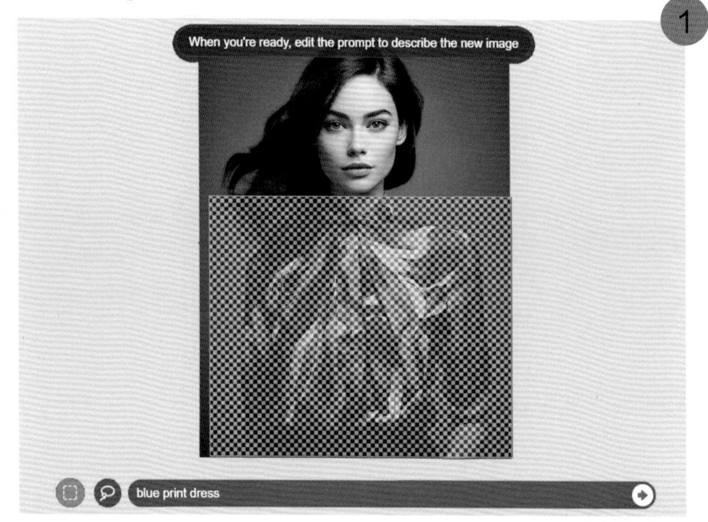

图2-51 步骤一

U1 U2 U3 U4
V1 V2 V3 V4

图2-52 步骤二

（1）回到刚才的初始图片，若对模特本身较为满意，只是想换其他款式的服装，则可以选中全部衣服的区域，在重绘关键词对话框中输入希望更换的款式用语，如“蓝色印花裙 Blue Print Dress”。

（2）完成给同一模特换不同服装的动作。

（3）细节调整后与前后图的对比。

图2-53 最终效果对比图

（三）相同服装换不同模特

细节调整案例 4

关键词生成案例见图2-54～图2-56。

关键词

漂亮的金发模特。

Beautiful blonde model.

（1）回到初始图片，若对衣服本身较为满意，只是想替换生成模特，则可以选中全部模特脸部的区域（包含头发），在重绘关键词对话框中输入希望更换的模特特征，如“漂亮的金发模特 Beautiful Blonde Model”。

图2-54 步骤一

（2）完成给同一服装换不同模特的动作。

图2-55 步骤二

（3）细节调整与前后图的对比。

图2-56 最终效果对比图

二、系列开发与主题统一

使用Midjourney等AIGC工具开发风格协调的服装系列，确保主题一致性，是一项既富有挑战性又充满创造性的任务。以下两种方法，可以帮助设计师实现这一目标：

（一）进一步修改V（Variation）功能

操作逻辑： Midjourney提供的V功能允许用户在生成的设计基础上，探索不同的变体。通过调整V值，设计师可以在保持原有设计主题和风格的基础上，生成具有细微差别的款式。这对于开发一系列风格协调且主题一致的服装设计尤为有效。

如果设计师希望开发以“蝴蝶元素”为主题的设计系列，可以首先使用一组关键词生成一个基础设计，然后通过调整V值以及进一步修改关键词生成具有相似风格但在色彩、品类上有所变化的系列款式，同时确保整个系列在视觉上保持一致。

系列开发案例

关键词生成案例见图2-57～图2-62。

关键词

美丽的模特，秀场，衬衫，梦幻美感，优雅剪裁，蓝色系，薄纱质感，蝴蝶元素，半身图，横高比3:4。

Beautiful model, walking on the runway, shirt, dreamy style, elegant tailoring, light blue, tulle texture, butterfly elements, half body shot --ar 3:4.

（1）在生成四宫格图片中，选择效果比较满意的左上角图片（按照顺时针编码顺序为图1），点击下方对应的V键。

图2-57 步骤一

（2）若不需要对弹出的关键词对话框补充修改，可直接点击提交，此时会生成以图1为基础，小范围调整改动的另一组蝴蝶衬衫服装的四宫格。

图2-58 步骤二

（3）当我们要变化款式时，比如想要一组同风格的蝴蝶元素连衣裙，可以在前面图1点击V键弹出的关键词对话框中，将“衬衫 Shirt”替换为“太阳裙 Sundress”，考虑到连衣裙的景别一般为全身，同时也把“半身照 Half Body Shot”替换为“全身照 Full Body Shot”，即得到一组新服装款式的四宫格。

图2-59 步骤三

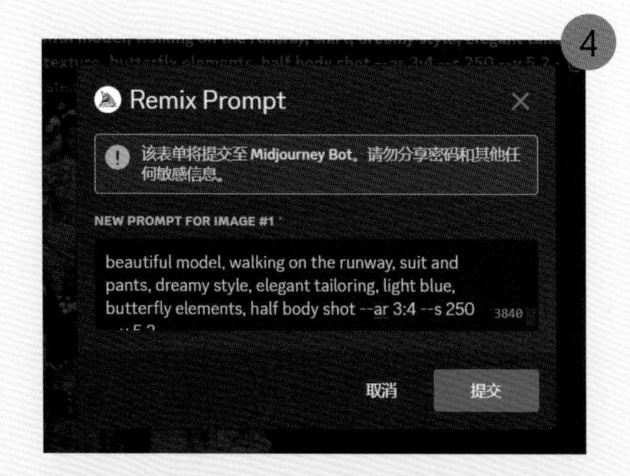

（4）当想生成一组同风格的蝴蝶元素西装套装时，可以在前面图1点击V键弹出的关键词对话框中，将“衬衫 Shirt”替换为“西装裤装 Suit and Pants”，同时去掉与常见西装面料相冲突的关键词“薄纱质感 Tulle Texture”，即得到一组新服装款式的四宫格。

图2-60 步骤四

（5）选中每一组服装生成中款式较满意的图片，通过进一步训练，即可得到一组蝴蝶元素的系列服装设计。

图2-61 最终效果图对比图1

图2-62 最终效果对比图2

（二）Blend功能

操作逻辑：Midjourney中的Blend功能允许设计师将不同的设计元素和风格融合在一起，生成统一且协调的系列设计。通过选取同系列的设计图作为输入，设计师可以利用Blend功能，结合这些元素创造出全新的设计方案。

主题统一案例

关键词生成案例见图2-63～图2-67。

（1）直接输入指令"/blend"，回车。

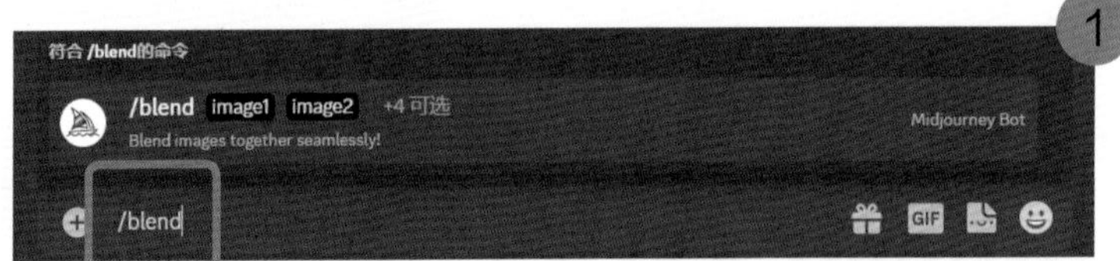

图2-63 步骤一

（2）添加图片。点击"增加4"可以继续添加，最多可以添加5张。

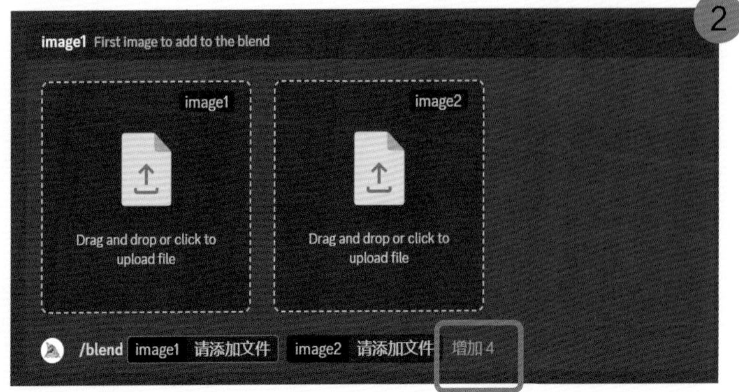

图2-64 步骤二

（3）选择图片尺寸。软件上方“dimensions”选项可以选择图片的比例，有Portrait（竖高形）、Square（正方形）、Landscape（横宽形）三种选择。未选择时，默认比例为Square（方形）。

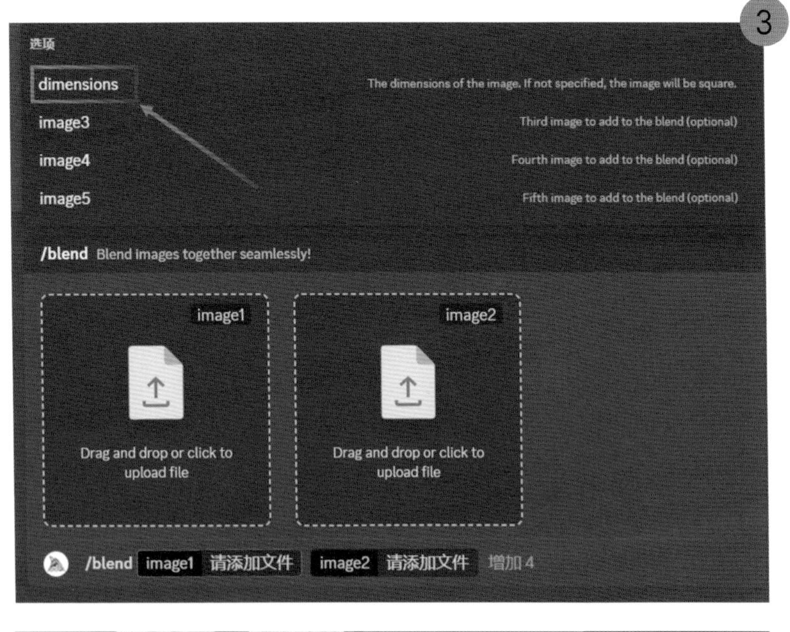

图2-65 步骤三

（4）添加完成后，直接回车即可融合。用2张或以上（总共不多于5张）相似的图片做出更多类似图片。

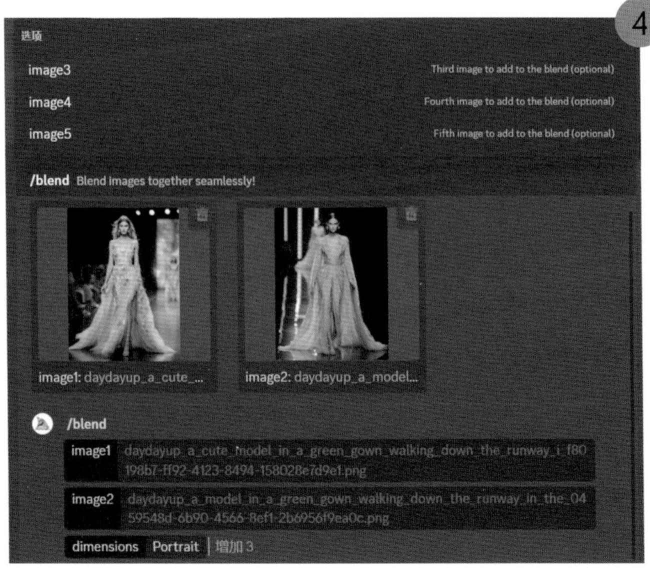

图2-66 步骤四

图2-67 最终效果图

（5）设计师可用这种方式轻松推演，得到同主题服装系列。

三、创意灵感表达

在服装设计领域，将创意灵感表达为实际的款式设计是对设计师创造性思维和技术能力的真正考验。设计师们常常面临着如何将抽象的灵感凝聚成具体设计语言、如何在保持创意原初美感的同时满足实穿性和市场需求等一系列难题。以下是利用Midjourney等AIGC工具在服装款式设计中表达创意灵感的几种方法。

（一）使用关键词触发创意灵感

操作逻辑：设计师可以通过输入与设计理念相关的关键词组合，如使用“未来主义时尚”或“洛可可复古风格”等词，来引导AIGC工具生成相应的设计图像。这些关键词可以与特定风格、材料、色彩或文化相关，通过精确的词汇选择和训练筛选，就能得到符合灵感的设计图片。

创意灵感表达案例 1

关键词生成案例见图2-68。

图2-68 洛可可风格服装设计案例

关键词

顶级模特穿着绣有精美花卉图案的洛可可风格长裙，在卢浮宫的走秀舞台上展现风采，呈现出奥黛丽·赫本式的风格，融合传统与现代的优雅，色彩艳丽，奶油白与玫瑰金，天鹅绒面料，华丽的褶皱细节，闪烁的水晶装饰，全身拍摄。

A top model wearing a Rococo-style gown embroidered with exquisite floral patterns, showcasing her grace on the runway of the Louvre, in the style of Audrey Hepburn, blending traditional and modern elegance, vibrant colors, cream white and rose gold, velvet fabric, luxurious ruffle details, sparkling crystal decorations, full body shot.

（二）结合灵感图像进行设计

操作逻辑：除了文字描述，设计师还可以上传一张或多张灵感图像作为参考。Midjourney等工具能够分析这些图像的视觉元素和风格，生成具有相似特征的服装设计。这种方法尤其适合于那些希望将特定艺术作品、自然景观或建筑风格转化为服装设计元素的创意灵感。

我们可以在Midjourney中上传一张凡·高《星月夜》的参考图（图2-69），并复制图片链接，结合关键词生成以此幅画为灵感的西装设计图。

图2-69 凡·高《星月夜》

创意灵感表达案例 2

关键词生成案例见图2-70。

关键词

模特穿着印花套装走在T台上，凡·高油画风格，优雅的剪裁，深蓝黄色调，星空元素，半身拍摄。

Model walking on the runway in a print suit, in the style of Van Gogh oil painting style, elegant tailoring, dark blue and yellow tone, starry night elements, half body shot.

图2-70 油画风格服装设计案例

（三）利用风格融合探索新概念

操作逻辑：Midjourney支持将不同的设计风格、历史时期或文化元素进行融合，创造出全新的设计概念。设计师可以通过组合不同的关键词和图像，探索将看似不相关的元素结合起来的创意潜力，如输入“现代极简主义+巴洛克风格”或“科技感面料+传统民族图案”等内容，以此来挑战和扩展传统的设计边界。

创意灵感表达案例 3

关键词生成案例见图2-71、图2-72。

本次使用图2-68的洛可可晚礼服和图2-70的凡·高灵感印花西装款式进行融合再创。

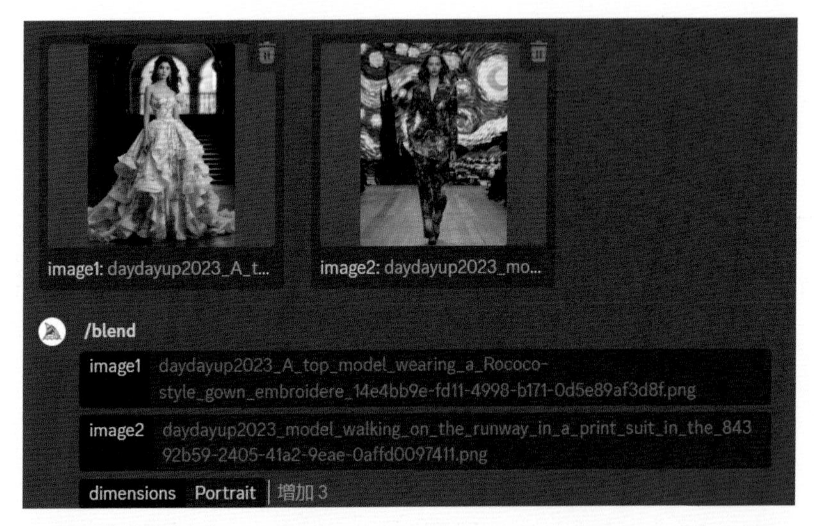

图2-71 款式融合步骤

图2-72 创意灵感表达服装设计案例

可以看出，在AIGC工具生成的初步设计创意方案基础上，设计师还可以进行进一步的迭代优化。通过调整输入的关键词、修改参考图像或利用其他图像工具的调整功能，细化设计方案，直至完全符合最初的创意灵感和设计意图。这一过程允许设计师在保持创意核心的同时，不断探索和完善设计细节。

第三章
AIGC在服装色彩设计中的应用

第一节 基本概念

在现代服装设计中，色彩不仅是传达设计理念的基本元素，也是塑造品牌形象和第一时间吸引消费者的关键工具。恰当而富有创意的色彩搭配能够引发深刻的情感共鸣，并有效表达特定的风格和情绪。随着AIGC技术的进步，设计师现在可以利用这些先进工具，以前所未有的精度和效率进行色彩的创新设计。本章将详细探索AIGC技术在色彩应用中的角色，特别是如何通过算法优化色彩搭配，以及利用人工智能预测和模拟色彩趋势。通过这些技术，设计师能够更加自如地将创意想法落地，同时满足市场对高度个性化的需求。

一、色彩表现在服装设计中的重要性

色彩，在服装设计领域里，不仅是最直观的表现元素，更是一种强大的沟通工具，它跨越视觉的界限，传达情感、展现个性并创造出令人瞩目的视觉冲击力。色彩的魔力在于其能够触动人心，从温柔细腻的粉色引发的温暖与安心，到激情四溢的红色激发的力量与勇敢，每一种颜色都能引发特定的情感反应，从而塑造品牌的独特形象，直接影响到消费者的购买决策。在这个以视觉为主导的时代，色彩的选择和搭配成为设计师不断探索和实验的重要领域（图3-1）。

色彩的力量不仅仅体现在提升服装的美观度上，它还深刻地关联着品牌的定位和目标市场的选择。拿几个著名品牌作为例子，Burberry的经典格纹采用了沉稳的棕色、黑色和红色，这些色彩的巧妙结合不仅让人一眼就能认出品牌，更是传递了品牌传统与高贵的形象。优衣库利用鲜明的色彩和简洁的设计语言，成功塑造了品牌的现代感和亲和力，吸引了大量追求实用主义和简约风格的消费者。这些成功的案例充分证明了恰当且有策略的色彩使用在服装设计中的重要性，它不仅是设计的一部分，更是品牌精神和文化的一种表达。

随着生成式人工智能技术的发展和普及，色彩设计的过程正在经历一场革命性的变化。AIGC技术，尤其是其在色彩搭配和趋势预测方面的应用，为设计师们提供了便利和支持。设计师们现在能够通过AIGC技术快速识别当前的色彩趋势，自动生成与这些趋势相匹配的色彩搭配方案，极大地提高了设计的效率和创新性。同时，技术革新也带来了新的挑战，如何在保留人类设计师独特创意和情感表达的同时，充分利用AIGC技术的优势，成为了设计领域中亟需解决的一个重要问题。

二、生成式人工智能在色彩表现中的优势和短板

在服装设计领域，使用AIGC工具尤其是Midjourney，在色彩表现方面的应用展现了显著优势，同时也暴露出一些短板。本节通过具体案例说明，方便我们能更深入地理解这些技术的实际效用及其局限。

（一）AIGC技术在色彩表现中的优势

1. 快速识别和应用流行色彩

AIGC技术，尤其是如Midjourney等工具，通过深度学习算法分析互联网上的大量时尚数据和图像，包括社交媒体平台、时尚博客、在线杂志以及各大品牌的季度发布会，能够综合这些信息源，快速识别出当前流行的色彩趋势并预测未来可能流行的色彩。

对于设计师而言，这意味着他们能够通过Midjourney这样的AIGC工具，获得即时更新的流行色彩信息。这一能力大大地简化了设计前期的趋势研究工作，设计师不再需要花费大量时间浏览和分析时尚杂志或参加时装周来获取灵感和趋势信息。相反，他们可以直接利用这些通过AIGC技术提炼出的趋势数据，将最新、最热门的色彩直接应用到自己的设计方案中。这对于那些追求创新，希望自己的设计作品始终站在时尚前沿的品牌来说，具有重大的意义。

例如，当设计师尝试捕捉即将到来季节的流行色彩，通过分析社交媒体和时尚杂志的趋势报告，迅速生成与这些趋势相匹配的色彩方案。例如，在2025春季，通过输入“2025春季流行色”等关键词，使用ChatGPT结合Midjourney生成了一系列包含着澄澈蓝色和金菊色的服装设计，这些颜色的选择直接响应了时尚界的流行趋势。

图3-1 AIGC生成的色彩灵感图

2. 无限的色彩搭配可能性

利用AIGC工具，尤其是像Midjourney等平台，设计师们在色彩搭配方面的探索变得既快速又多产。这种技术革新意味着，设计师不再需要花费数小时甚至数天时间来手动筛选和匹配色彩方案，而是可以在几分钟内获得成百上千种不同的色彩搭配方案。这些方案不仅数量众多，而且覆盖了广泛的色彩范围和搭配风格，大幅提升了设计的效率和创新性。

假设一个设计师正在为一个春季服装系列寻找新颖的色彩搭配，在传统过程中，这可能意味着他们需要不断地翻阅色彩手册，参考时尚杂志，甚至亲自进行色彩混合实验，这个过程既耗时又耗力。然而，通过Midjourney，设计师仅需输入如“春季”“清新”“活力”等与所需主题相关的关键词，系统便能在短时间内生成从柔和的粉色和天蓝色，到更为活跃的草绿色和柠檬黄等数百种色彩搭配方案。

进一步地，如果设计师希望探索特定的色彩对比效果，比如“复古橙搭配冷静蓝”，只需对关键词进行简单调整，Midjourney便能快速响应，展示出各种包含这两种色彩以及它们不同组合和对比度的设计方案（图3-2）。

除此以外，当设计师面临紧迫的项目截止时间，这种“数量多、速度快”的特性尤为宝贵，他们可以迅速获得大量的色彩搭配选项，快速迭代和优化，确保设计既能满足市场需求，又不失个性和创意。

不仅如此，AIGC技术还允许设计师尝试一些非传统的、实验性的色彩搭配，比如将传统上被认为不协调的颜色组合在一起，可能意外地产生令人惊艳的效果。这种通过技术手段打破常规的实践，为服装设计带来了新的创意灵感和可能性。而所有这些，都是基于AIGC技术能够提供的海量数据分析和高效计算能力，使得设计师在色彩搭配上的尝试变得更加自由和大胆。

在探索复古风格的设计项目中，一位设计师使用Midjourney尝试了超过百种的复古色彩搭配方案，包括橄榄绿与锈红的组合，以及浅黄与深棕的配色。这种广泛的探索帮助设计师发现了一些意想不到的、引人注目的色彩搭配，这在传统的设计过程中很难以实现。

3. 个性化和定制化的色彩方案

AIGC技术的应用，特别是在服装设计的色彩搭配领域，已经超越了简单的趋势追踪，它为设计师提供了一种全新的方法来定制符合个人客户或特定客户群体需求的色彩方案。这种定制化服务的力量在于其能够综合考量个人偏好、文化背景，以及流行趋势，从而创造出既个性化又时尚的设计。

图3-2 使用Midjourney生成的复古配色设计图

以Midjourney为例，设计师接到一个特别的任务：为一位即将参加海滩婚礼的新娘设计一套既符合个人风格又不脱离海滩主题的服装。新娘偏爱海洋蓝色，希望这一色彩能成为设计的主色调，同时又希望服装能体现出一种轻松自在的氛围。设计师通过向Midjourney输入如“海洋蓝”“轻松自在”“海滩婚礼”等关键词，AIGC技术迅速生成了一系列包含不同蓝色调和设计元素的服装草图。这不仅让新娘能够直观地看到各种可能性，也使得设计师能够根据反馈快速调整设计细节（图3-3）。

图3–3 使用Midjourney生成的海洋色彩主题婚纱

此外，考虑到文化因素的个性化服务案例也十分引人注目。假设有一个品牌希望为其春节限定系列融入更多中国传统文化元素。设计师利用AIGC工具，输入“春节”“中国红”“传统图案”等关键词，工具便能够基于这些文化特定的关键词，产生一系列既具有传统美感又不失现代设计感的服装方案。这种方法不仅保证了设计的文化准确性和深度，也为品牌打开了一个结合传统与现代的全新视角。

在社会趋势方面，AIGC技术的应用同样展现出了其灵活性和前瞻性。以环保为例，随着可持续发展成为时尚界的一个重要话题，设计师可以通过输入“可持续”“环保”“自然色彩”等关键词，借助Midjourney等工具生成一系列反映环保理念的色彩方案。这不仅符合当下的社会趋势，也为追求绿色生活的消费者提供了符合其价值观的设计选择。

通过上述例子，我们可以看到AIGC技术在个性化色彩方案提供方面的强大能力。它能够帮助设计师精准捕捉和实现客户的具体需求，无论是基于个人喜好、文化背景还是社会趋势，都能提供符合期望的设计方案。这种高度的定制化服务不仅提升了设计的质量和满意度，也展示了AIGC技术在服装设计色彩表现方面的重要作用和广阔潜力。

（二）AIGC技术在色彩表现中的短板

1.缺乏情感连结和文化深度

尽管AIGC可以生成各种色彩组合，但它们生成的方案可能缺乏人类设计师的情感连结和对色彩文化意义的深刻理解。例如，某些特定的色彩在不同文化中可能具有不同的象征意义，AIGC生成的色彩方案可能无法完全捕捉到这种细腻的文化差异，如白色在西方婚礼中象征纯洁，在东方某些文化中则用于丧服。这种微妙的文化差异需要设计师的深入理解和人工调整。

在尝试通过Midjourney生成与特定文化节日相关的服装色彩方案时，如为中国春节设计特别系列，虽然工具能够根据关键词“春节、红色、金色”生成色彩方案，但生成的设计缺乏对春节文化深层次意义的理解和情感表达，比如很难显示出对亲情、亲密、团聚等情感要素的表达，显示出AIGC在捕捉特定文化情感和深度上的局限性。

2. 实际应用的局限性

AIGC技术，尤其是在服装设计领域的应用，为色彩方案的生成带来了革命性的变化，然而，当这些设计尝试转化为实际可穿戴的服装时，可能面临一系列挑战。

例如，尽管AIGC技术能够无限制地探索和组合各种色彩，生成独一无二的搭配方案，但并非所有的创新色彩搭配都能被市场接受。以一款结合了传统蓝色和现代荧光绿的男士西装设计为例，这种大胆的色彩尝试在视觉上确实令人耳目一新，但却可能与大多数消费者的审美习惯不符，也可能偏离了品牌一贯的稳重或商务定位。在这种情况下，虽然设计具有创新性，但可能面临市场接受度低的风险。

同时，设计师在实践中还需要考虑色彩搭配与品牌形象之间的契合度。一个以柔和自然风格著称的品牌突然推出过于鲜艳或前卫的色彩搭配，虽然可能吸引部分潮流先锋的目光，但也可能使长期支持该品牌的消费者感到困惑，影响品牌形象的一致性。

再举个具体例子，设计师使用Midjourney生成了一款以“霓虹未来主义”为主题的服装设计，该设计采用了光泽感强烈的荧光色彩搭配。在数字渲染图中，这种色彩方案显得极为吸引人，充满了前卫和科幻的感觉（图3-4）。但是，在将这一设计落实到实际的服装生产过程中，设计师发现市场上现有的面料和染色技术难以完美复制这种荧光效果，尤其是在确保色彩的持久性和安全性方面存在限制。

因此，尽管AIGC技术在服装色彩设计中展现出了显著的优势，如快速捕捉色彩趋势、提供无限色彩搭配的可能性以及能够创建个性化的色彩方案。然而，这些技术在捕捉特定文化情感、理解深层文化意义以及考虑实际生产限制方面存在短板。

通过这些具体案例，我们可以看到AIGC技术在服装色彩设计中的强大潜力和待解决的挑战，提示设计师在利用这些先进工具时，尤其是将创意转化为实际产品时仍需谨慎。他们需要综合考量现实中的技术限制、市场接受度以及品牌定位等多方面因素，以确保设计既具有创新性，又能实际落地，真正满足消费者和市场的需求。在这个过程中，设计师的专业判断和对市场和需求的深刻理解显得尤为重要。

图3-4 使用Midjourney生成的荧光色搭配方案

第二节 AIGC色彩搭配应用

以Midjourney为例，无论是进行初步的款式设计还是深入的色彩搭配，核心逻辑都离不开对关键词的精确调整。这一过程体现了将创意思维转化为可视化设计的直接途径，其中，色彩搭配的应用尤其凸显了调整色彩词汇在生成满足特定需求的设计中的重要性。

当设计师面对款式设计任务时，他们首先需要做的是界定设计的基本方向和风格，这通常通过一系列描述性的关键词来实现。而在进行色彩搭配时，这一逻辑被进一步细化——关键词的选择和组合更加注重于色彩属性的描述，如色调（Hue）、饱和度（Saturation）和明度（Brightness）。设计师通过精心挑选代表所需色彩的词汇，如“天空蓝 Sky Blue”“珊瑚粉 Coral Pink”或“热带橙 Tropical Orange”，并将它们输入到Midjourney中，便可引导工具沿着既定的色彩方向进行探索和创作。

此外，色彩搭配的细节调整也在这一过程中扮演着关键角色。设计师不仅需要在大胆和微妙的色彩搭配之间做出选择，还可能需要考虑色彩间的对比、和谐以及整体设计中色彩分布的平衡。通过对关键词的进一步微调，比如添加描述色彩感觉（如“温暖 Warm”“冷静 Calm”）或特定场景（如“夏日 Summer”“夜晚 Night”）等词汇，设计师可以细化工具生成的色彩搭配方案，以更好地符合设计意图和目标市场的审美期待。

在整个色彩搭配的应用过程中，关键词的精确调整显得尤为关键。这不仅是因为它直接影响到AIGC工具生成设计的方向和质量，更因为在色彩的世界里，细微的差别往往能带来截然不同的视觉效果和情感体验。因此，设计师对色彩词汇的选择和组合展现了其专业能力和创意思维的深度，也体现了将抽象的色彩概念转化为具体视觉表现的独到见解。

一、季节色彩的AIGC应用

在服装色彩的表现中，大自然的季节色彩变化不仅是最鲜明的视觉节奏，也是设计师们取之不尽的灵感源泉。随着季节的更替，从春季的清新柔和到夏季的热烈奔放，再到秋季的温暖深沉与冬季的冷峻沉稳，每一个季节的色彩都具有独特的情感表达。设计师从中汲取灵感，不只是为表现自然之美，还在追求让服装与穿着者的情感产生深层连接。这种对季节性色彩的应用，已成为服装设计的核心元素之一，使得每件作品在色彩表现上都具有独特的生命力和情感温度。

借助AIGC技术，设计师们可以更精准地捕捉和提取季节性色彩，例如春天的“樱花粉 Cherry Blossom Pink”或秋天的“枫叶红 Maple Red”，并将这些色彩精妙地融入设计作品中。AIGC不仅让设计师的创作更贴近自然节奏，还能根据不同季节的需求调整色彩方案，从而打造出更加贴合市场的设计（图3-5~图3-8）。

操作逻辑：

季节识别：确定您想要创作的季节主题，如春季的生机或秋季的收获。

色彩选择：从上述关键词中选择与该季节相符合的色彩关键词。

设计元素添加：考虑到季节特点，添加如“樱花粉 Cherry Blossom Pink”春天或“枫叶红 Maple Red”秋天的元素。

重点关键词举例

春季色彩（Spring Colors）

春日绿意（Spring Greenery）
樱花粉（Cherry Blossom Pink）
天空蓝（Sky Blue）
柔和黄（Soft Yellow）
新生绿（Fresh Green）
细腻紫（Delicate Purple）
春光明媚（Bright Spring Light）

夏季色彩（Summer Colors）

热带橙（Tropical Orange）
海洋蓝（Ocean Blue）
阳光黄（Sunlight Yellow）
珊瑚粉（Coral Pink）
清凉绿（Cool Green）
夏日红（Summer Red）
沙滩白（Beach White）

秋季色彩（Autumn Colors）

金黄收获（Golden Harvest）
枫叶红（Maple Leaf Red）
深森林绿（Deep Forest Green）
暖褐色（Warm Brown）
柔和灰（Soft Grey）
秋日橙（Autumn Orange）
丰收棕（Harvest Brown）
温暖舒适（Warm And Cozy）

冬季色彩（Winter Colors）

雪花白（Snowflake White）
冰晶蓝（Ice Crystal Blue）
寒霜灰（Frost Grey）
深夜黑（Midnight Black）
暖焰红（Warm Flame Red）
冬季紫（Winter Purple）
寒冷银（Cold Silver）

图3-5 夏季色彩搭配图案

A关键词

热带橙+海洋蓝，海边日落图案。

Tropical orange + Ocean blue, seaside sunset pattern.

图3-6 夏季色彩服装搭配

B关键词

阳光黄+清凉绿，夏日野餐风格上衣，棉麻混纺，搭配清爽绿色短裤。

Sunlight yellow + Cool green, Summer picnic style top, cotton-linen blend, paired with refreshing green shorts.

图3-7 秋季色彩服装搭配

C关键词

模特穿着秋季外套在森林漫步，金黄色和枫叶红，羊毛材质，搭配红色格子围巾。

Model in autumn forest walk coat, golden harvest and maple leaf red, wool material, accented with a red plaid scarf.

图3-8 MODA MIND秋季色彩服装作品

二、节日特色色彩的AIGC应用

在服装色彩表现中，节日色彩不仅可以增强节日氛围，而且对传达特定节日的文化意义和情感寓意至关重要。每个节日都拥有独特的色彩搭配，这为设计师和整个服装行业带来了源源不断的创意灵感，并促成了相应的市场消费需求。利用AIGC技术，设计师可以精确地运用这些具有强烈象征性的色彩，如春节的“喜庆红 Festive Red”、圣诞节的“圣诞绿 Christmas Green”或情人节的“玫瑰粉 Rose Pink”，确保每件服装在视觉和情感上都与节日主题巧妙契合（图3-9~图3-12）。

重点关键词举例

春节（Chinese New Year）
喜庆红（Festive Red）
金色（Gold）
灯笼红（Lantern Red）
碧玉绿（Jade Green）
圣诞节（Christmas）
圣诞红（Christmas Red）
圣诞绿（Christmas Green）
雪花白（Snowflake White）
金铃铛金（Jingle Bell Gold）
情人节（Valentine's Day）
爱心红（Love Red）
玫瑰粉（Rose Pink）
香槟金（Champagne Gold）
紫罗兰紫（Violet Purple）
万圣节（Halloween）
午夜黑（Midnight Black）
南瓜橙（Pumpkin Orange）
幽灵白（Ghost White）
毒液绿（Venom Green）

操作逻辑：

确定节日：首先确定你想要创作的节日主题。

选择颜色：从上述关键词中选择与该节日相符合的色彩关键词。

组合关键词：将选定的节日色彩关键词与服装或场景的设计元素结合。

图3-9 春节主题色彩服装设计

A关键词

顶级模特身着以喜庆红和金色为主色调的改良旗袍，在北京故宫的走秀舞台上展现风采，体现出东方古典美，结合现代设计理念，色彩艳丽，绸缎面料，华丽的刺绣细节，闪烁的金线装饰，全身拍摄。

A top model wearing an improved cheongsam in festive red and gold, showcasing her grace on the runway of the Forbidden City in Beijing, embodying classical eastern beauty, combined with modern design concepts, vibrant colors, satin fabric, luxurious embroidery details, sparkling gold thread decorations, full body shot.

图3-10 圣诞节主题色彩图案设计

B关键词

冬夜蓝与雪花白的圣诞夜景图案，糖果条纹的圣诞袜和礼物盒，金铃铛金星星闪耀，营造出梦幻的圣诞夜。

Combining winter night blue and snowflake white in a Christmas night scene pattern, featuring candy stripe Christmas stockings and gift boxes, with jingle bell gold stars shining, creating a dreamy Christmas Eve.

图3-11 圣诞节主题色彩服装设计

C关键词

模特穿着圣诞红和圣诞绿的节日服装，在纽约中央公园的雪地里，展现节日的温暖和欢乐，针织面料，温暖的围巾和帽子搭配，半身拍摄。

Model wearing a festival outfit in Christmas red and Christmas green, in the snow of Central Park in New York, showing the warmth and joy of the holiday, knit fabric, warm scarf and hat matching, half body shot.

图3-12 MODA MIND圣诞节配色服装作品

三、高级感色系的AIGC应用

在服装色彩表现中，具有艺术氛围的高级感色彩能够为服装增添独特的美学价值和深层次的情感表达。AIGC技术通过精确模拟和应用各种高级感色系，如莫兰迪色系的柔和色彩、敦煌色系的复古调和以及北欧色系的简约明亮，这些色系在人类美学史上已经有了深厚的积淀和情感链接，因此巧妙地使用这些色彩可以帮助设计师创造出既符合当代审美又具有艺术高度的设计作品（图3-13~图3-17）。

操作逻辑：

确定主题：明确需要设计的主题风格，如优雅、高贵、复古等，确保符合高级感的艺术表达。

选择色系：从高级感色系中选择适合主题的色调，例如“北欧色系 Nordic Color Scheme”“莫兰迪色系 Morandi Color Scheme”等。

调整关键词：结合色系关键词和材质相关描述，确保生成的图像兼具色彩美感和高级质感。

重点关键词举例

莫兰迪色系（Morandi Color Scheme），柔和且含蓄的色彩组合，灵感来源于意大利画家乔治奥·莫兰迪的作品，适用于营造安静、优雅的空间。

敦煌色系（Dunhuang Color System），受敦煌壁画启发的色彩，包含沙漠黄、石窟蓝等自然古朴色彩，适合复古与文化主题设计。

自然绿色系（Natural Green Series），模仿自然界中绿色的多样性，从深森林绿到浅苔藓绿，传达生机与和谐。

北欧色系（Nordic Color Scheme），以简洁明亮的色彩为主，如冷杉蓝、暖木色，营造出北欧风格的简约与自然。

地中海色系（Mediterranean Color Scheme），以海蓝、白色和阳光黄为主的明亮色彩，反映出地中海的阳光、海水和自然。

极简黑白色系（Minimalist Black and White Scheme），极简主义的经典色系，使用黑色、白色及灰色，强调形式与空间的关系。

珠光色系（Pearlescent Color Scheme），珠光与金属质感的色彩，如珍珠白、银灰色，营造高级与现代感。

温暖中性色系（Warm Neutral Series），包含米色、灰褐色等温暖的中性色彩，适用于营造温馨舒适的环境。

冷灰色系（Cool Grey Series），不同深浅的灰色组合，传达出现代、专业和科技感。

糖果色系（Candy Color Scheme），鲜艳甜美的色彩，充满活力与乐趣。

森林色系（Forest Color Scheme），深浅不一的绿色与棕色，模拟森林的宁静与神秘。

日落色系（Sunset Color Scheme），日落的橙红色与紫色，呈现浪漫温暖的视觉效果。

宝石色系（Gemstone Color Scheme），灵感来自宝石的鲜艳色彩，展现奢华与贵气。

荒漠色系（Desert Color Scheme），沙漠的黄色、棕色等，传递自然的沉静与广阔。

热带色系（Tropical Color Scheme），鲜明的绿色、蓝色与花卉色，营造热带风情。

冰川色系（Glacier Color Scheme），冷色调的蓝色与灰色，传达冰川的凉爽与纯净。

图3-13 莫兰迪色系灵感板

A关键词

设计师创作的莫兰迪色系灵感板，主要采用柔和粉、暖灰色、淡灰蓝和米色，展现出一种温柔且恬静的美感。这个灵感板旨在通过细腻的色彩搭配和渐变效果，营造出一种轻松自在且充满诗意的氛围，适合室内设计、时尚设计及平面设计灵感。

Designers created a Morandi color scheme inspiration board featuring soft pink, warm grey, pale grey blue, and beige, showcasing a gentle and tranquil beauty. This inspiration board aims to create a relaxed, poetic atmosphere through delicate color coordination and gradient effects, suitable for interior design, fashion design, and graphic design inspiration.

图3-14 莫兰迪色系服装设计

B关键词

简约又不失优雅的女装，莫兰迪配色的柔粉色和暖灰色，细腻的质感和流畅的剪裁，点缀着精致的珍珠纽扣和柔和的褶皱细节，非常适合春天的下午茶。

A simple yet elegant women's dress, soft pink and warm grey from the Morandi color scheme, delicate texture and smooth tailoring, adorned with delicate pearl buttons and soft pleat details, perfect for a spring afternoon tea.

图3-15 MODA MIND
高级感色彩服装作品

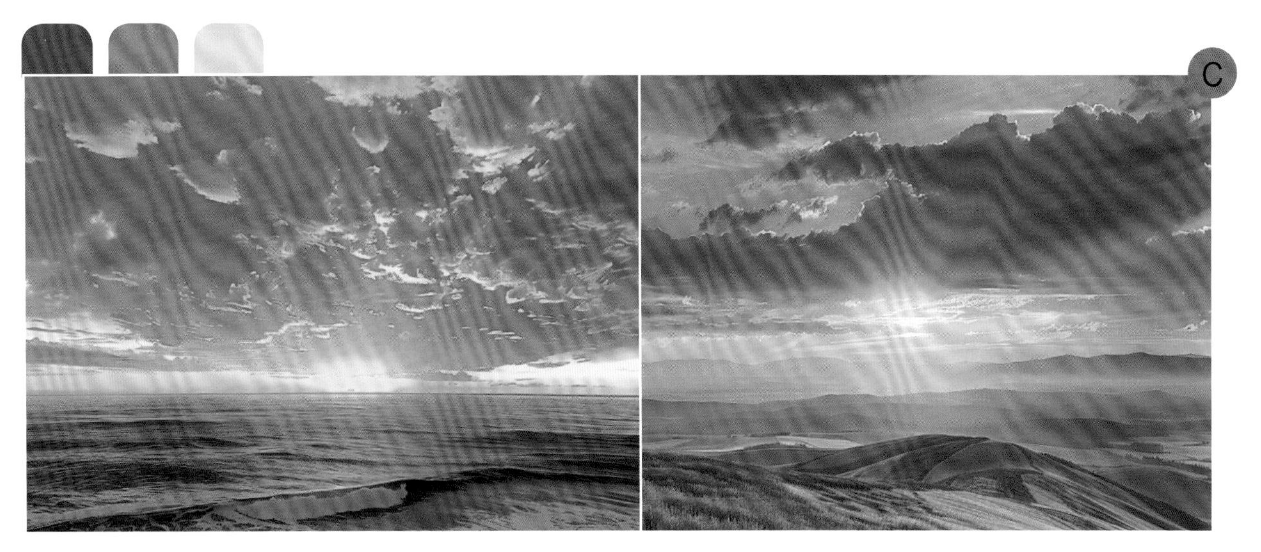

图3-16 日落色系灵感板

C关键词

日落色系灵感板以热情橙、宁静紫、金黄色和火红色为主色，捕捉夕阳下天空的壮丽变化。这个灵感板通过色彩的热烈对比和层次感，展现出日落的动人景象，非常适合创作视觉艺术、时尚配饰和摄影项目。

The sunset color scheme inspiration board features main colors passionate orange, tranquil purple, golden yellow, and fiery red, capturing the magnificent changes in the sky at sunset. With vibrant color contrasts and a sense of depth, this inspiration board showcases the captivating scene of sunset, very suitable for visual arts, fashion accessories, and photography projects.

图3-17 日落色系服装设计

D关键词

男士短袖衬衫融合了日落色系中的金黄色和火红色，向夏日海滩日落致敬。衬衫采用透气的棉质面料，特点是轻松的版型和前卫的色块设计，是夏季海边度假的理想选择。

The men's short-sleeve shirt blends golden yellow and fiery red from the sunset color scheme, paying homage to summer beach sunsets. Made from breathable cotton fabric, it features a relaxed fit and avant-garde color block design, making it an ideal choice for summer beach vacations.

第三节 进阶色彩生成与视觉效果优化

一、生成特定色彩图像的四种办法

在服装设计的世界里，色彩不仅赋予作品美感，还承载着情感和信息。随着AIGC技术的发展，设计师现在拥有了更加多样化和精确的手段来生成和探索特定色彩的图像，丰富了设计的可能性。以下是利用AIGC技术生成特定色彩图像的四种有效方法，它们各有特点，能够满足不同设计需求。

（一）关键词驱动

这是一种直观高效的方法，设计师只需在AIGC平台如Midjourney输入与所需色彩相关的关键词，比如描述色彩感觉的"温暖黄 Warm Yellow"或场景相关的"夕阳红 Sunset Red"，系统便能根据这些描述生成相应的设计图像。例如，输入"冷静灰 Calm Grey"，系统可能会生成一系列既符合冷静感觉又具有现代简约风格的服装设计，让设计师快速捕捉到所需的色彩氛围。

本章第二节内容即使用这种方法，不再赘述案例。

（二）色彩代码输入

对于需要精确色彩的应用场景，设计师可以直接输入色彩代码（如HEX或RGB代码）来指定所需的具体颜色，确保生成的图像完全符合色彩要求。通过这种方式，设计师能够精确控制生成图像的具体颜色，无论是复杂的渐变还是特定的色调，都能够被精确复现。这种方法适合那些对色彩有着严格要求的项目，比如品牌LOGO的颜色必须与公司的视觉标识系统完全一致时。

假设一位设计师正在为一个高端品牌工作，该品牌的标志性颜色是一种特定的宝石绿，设计师通过输入这种宝石绿的具体HEX色彩代码#006400到Midjourney，系统便能准确地生成包含该色彩的服装设计图像（图3-18、图3-19）。这不仅确保了色彩的一致性，也帮助设计师探索了该色彩在不同服装款式上的应用可能性，从经典的晚宴服到日常休闲装，每一件设计都准确地体现了品牌的核心色彩，同时展现了该色彩的多样化搭配和应用。

图3-18 用色彩代码生成的准确色彩服装

图3-19 MODA MIND
宝石绿色服装作品

（三）灵感图像上传

上传灵感图片是一种更为直接地激发创意的方法。设计师可以选择一张或多张包含所希望色彩的图片，AIGC工具通过分析这些图片的色彩组合和风格，生成与之相似或呼应的新设计方案。这种方法特别适用于希望从特定的艺术作品、自然景象或任何其他视觉素材中获取灵感的设计师。

想象一个设计师被艺术家阿夫列莫夫的一幅描绘秋季枫叶的画作所吸引，希望将画中的色彩转化为一系列秋季服装设计。设计师上传了这幅画作的图片到Midjourney，AIGC工具分析了画中丰富的橙红色调、金黄色和深绿色，随后生成了一系列包含这些色彩的服装设计（图3-20）。这些设计不仅忠实地再现了秋季枫叶的色彩，还巧妙地将这些色彩以时尚的方式融入服装中，如橙红色的长裙配以金黄色的围巾，以及深绿色的外套，每一件作品都如同秋天的诗篇，展现了季节的韵味和色彩的魅力。

图3-20 从阿夫列莫夫油画灵感图到设计图

（四）色彩趋势分析

紧跟时尚色彩趋势对于设计师而言至关重要。通过利用AIGC工具进行色彩趋势分析，设计师不仅能够了解当前流行的色彩，还能预测未来的色彩趋势（图3-21）。这种方法依赖于对大数据的分析，能够揭示出消费者偏好的变化和新兴的色彩潮流。例如，如果分析显示某种特别的蓝色在即将到来的季节中会成为流行色，设计师便可以提前准备，并将这种色彩融入新的设计中，确保作品的时尚度。

设想一个团队正在为下一季度的服装系列寻找灵感。他们利用AIGC工具分析了最近的时尚秀、社交媒体趋势和流行色报告，发现了一种新兴的趋势色——柔和的薄荷绿。通过将这一发现作为基础，团队在Midjourney中探索了薄荷绿在各种服装设计上的应用，结果产生了一系列既时尚又清新的设计方案，从轻柔的春季连衣裙到舒适的休闲T恤，每一件作品都体现了薄荷绿带来的清新气息和春天的活力（图3-22）。

图3-21 MODA MIND秋季流行色彩服装作品

图3-22 用Midjourney制作以柔和的薄荷绿为色彩主题的服装灵感

二、运用技术手段进行色彩微调

在Midjourney这样的AIGC设计软件中，还可以用多种方法对已经生成的图片色彩做进一步调整，以使设计作品的色彩不断接近设计需求。

（一）通过增减关键词进行色彩微调

不同的色彩关键词能生成完全不同的设计效果；只变化一个词就可以进行精细的调整。

图3-23 蓝色系法式浪漫设计风格服装

图3-24 霓虹蓝色系法式浪漫设计风格服装

色彩微调案例 1

关键词生成案例见图3-23、图3-24。

A关键词

模特穿着连衣裙走在T台上，法式浪漫设计风格，蓝色裙子，全身照。

A model in a dress walking on the runway, in the style of elegant and chic, blue color, full body shot.

B关键词

模特穿着蓝色连衣裙走在T台上，法式浪漫设计风格，霓虹色系，全身照。

A model in a blue dress walking on the runway, in the style of elegant and chic, neon shades, full body shot.

B组通过将简单的色彩关键词“蓝色Blue”前移到款式关键词前，后面补充关键词“霓虹色系/荧光色系 Neon Shades”，即可在不改变基础蓝色调的情况下，生成更鲜艳的泛着荧光色调的蓝色。

图3-25 用关键词进行色彩微调后的前后对比组图

（二）通过V功能进行色彩微调

若想保持款式相近，只微调颜色，可以在图片生成过程中，通过Vary（Subtle）指令的关键词对话框，进行微妙的颜色调整：

在生成第一组绿色印花法式衬衫的图片后，选择较为满意的第一张，U键放大，后点击Vary（Subtle），在弹出的关键词对话框中，接着“Green Color Print”加入“松石绿 Turquoise Color”（关键词顺序不要大改，不然出图款式会变动较大），即可生成款式相近，绿色系中泛着松石绿色彩的法式印花衬衫。

以上是运用技术手段在已经生成的设计图上进行色彩微调的方法。

在色彩微调的过程中，Vary（Subtle）功能提供了细致调整的灵活性，设计师能够在保持原有设计风格的基础上，赋予色彩更多层次感，以便更贴近市场需求。例如，将绿色印花微调至绿松石色调后，虽然款式不变，但色调上的细微变化带来了全新的视觉感受，让同款设计更具辨识度。这种小幅度的色彩调整丰富了设计作品的表现力。

A

图3-26 绿色系法式浪漫长袖衬衫

色彩微调案例 2

关键词生成案例见图3-26～图3-29。

A关键词

模特穿着长袖衬衫走在T台上，法式浪漫设计风格，绿色印花，褶边元素，真丝面料，乔其纱，半身照。

Model in a long-sleeved shirt walking on the runway, in the style of French romantic design, green color print, ruffle elements, silk fabric, georgette, half body shot.

图3-27 关键词更改

图3-28 绿松石色调法式浪漫长袖衬衫

B关键词

模特穿着长袖衬衫走在T台上，法式浪漫设计风格，绿色印花，绿松石色调，褶边元素，真丝面料，乔其纱，半身照。

Model in a long-sleeved shirt walking on the runway, in the style of French romantic design, green color print, Turquoise color, ruffle elements, silk fabric, georgette, half body shot.

此外，通过色彩微调，设计师能够迅速开发系列化的设计方案。微调后的不同配色方案可以在同一设计系列中形成一种自然渐变，增强系列的连贯性和层次感，满足消费者对色彩的多样化需求。借助这种方式，品牌得以在保持核心设计的基础上，提供多样选择，以更低的成本提高产品的丰富度和市场吸引力，树立更强的竞争优势。

图3-29 用V功能进行色彩微调后的前后对比组图

以上内容及设计案例展示了AIGC技术在生成特定色彩图像方面的强大能力，无论是通过精确的色彩代码输入确保色彩的一致性，还是利用灵感图片引导色彩创意的转化，抑或是依据色彩趋势分析把握市场脉搏，AIGC工具都为设计师提供了便利和灵活性。通过这些方法，不仅能够快速响应市场需求，还能够在创意上进行大胆的尝试和探索，创造出既满足市场趋势又具有个性化特征的服装设计作品（图3-30）。

图3–30 AIGC在创意上的大胆尝试和探索

第四章
AIGC在服装风格设计中的应用

第一节 基本概念

在服装设计领域，风格的塑造体现了品牌的独特性和文化内涵。风格的创新和表达方式已成为衡量设计师创造力和品牌竞争力的重要标准。随着技术的进步，生成式人工智能正成为设计师强有力的辅助工具，帮助他们以更快的速度和更广的视野探索和实现设计理念（图4-1）。本章使用AIFashions爱时尚软件作生成示例，深入探讨AIGC在服装风格表现中的应用，展示其如何成为现代服装设计师不可或缺的助手。

图4-1 人工智能软件辅助生成服装效果示意图

一、服装风格表现在服装设计中的重要性

服装风格的变化不仅是设计的核心，也是推动品牌影响力和满足消费者对个性表达追求的关键因素。在充满竞争和变化的时尚界，消费者渴望通过独特的服装风格来展示自我个性和生活态度。因此，设计师和品牌不断革新理念，演绎出新的风格。这样不仅能吸引消费者的注意，还能激发他们的情感共鸣，从而提升品牌的忠诚度和市场份额。

风格的创新为品牌市场的开拓做出了重要贡献。以街头潮流为例，过去可能被视为小众文化，但如今已成为主流时尚的重要组成部分。品牌如Supreme和Off-White，通过独特的街头风格设计，吸引了大量年轻消费者，创造了巨大的商业价值。Gucci和Prada等奢侈品牌，通过独特而鲜明的风格定位，成功地在全球市场树立了高端时尚的形象。它们持续推出融合传统与现代元素的设计，满足了消费者对奢华、品质和个性的追求。这种对风格的精确把握，使得它们在竞争激烈的时尚行业中保持了领先地位。

风格的多样化也满足了消费者对于个性化和定制化的需求。随着定制化趋势的兴起，消费者越来越希望拥有能够体现自己独特风格和品位的服装。设计师和品牌通过提供多样化的风格选择和定制服务，使得每个人都能找到或创造符合自己审美的服装，从而提升了消费者的满意度和品牌的竞争优势。

服装风格的表现不仅是设计师艺术理念的展现，更是品牌商业成功的关键。通过不断创新和演绎风格，品牌能够持续吸引消费者的关注，满足他们对自我表达和新鲜感的追求等（图4-2）。

图4-2 立体花卉服装风格设计表现

二、AIGC在服装风格设计中的优势和特性

生成式人工智能在服装风格设计中的应用，正以前所未有的方式改变着时尚行业的面貌。

（一）AIGC的优势与独特性

1. 加速风格创新

AIGC能够在短时间内生成大量不同风格的设计方案，帮助设计师快速探索各种创意可能性（图4-3）。从复古风到未来主义，从简约到复杂，AIGC的生成能力几乎没有边界。这种高效率的创意产出，使设计师能够更快地响应市场趋势，捕捉时尚灵感。

2. 突破创意边界

AIGC打破了传统设计师个人经验和风格偏好的限制，能够从海量的数据中学习和借鉴不同的设计元素，生成独特而新颖的风格。这为设计师提供了源源不断的灵感来源，激发了更多的创造可能。

图4-3 创意服装风格设计表现

3. 丰富文化表达

AIGC能够融合不同的文化元素和艺术风格，生成具有多元文化内涵的服装设计。例如，设计师可以利用AIGC将东方的文化理念与西方的现代剪裁相结合，创造出独特的跨文化风格。这种创新有助于推动文化交流，拓展设计的深度和广度。

4. 提高设计效率和精度

AIGC能够精确地理解和执行设计师的指令，减少了繁琐的手工绘图过程。通过自然语言处理和图像生成技术，设计师只需输入关键词或描述，AIGC就能生成符合要求的设计草图。这不仅节省了时间，还提高了设计的准确性和质量。

（二）AIGC面临的挑战

1. 缺乏情感与文化理解

AIGC虽然可以模拟和生成多种风格，但对人类情感和文化内涵、文本内容的深度理解仍有限。这可能导致设计作品缺乏人文关怀和情感共鸣。

2. 过度依赖技术

AIGC的生成效果取决于训练数据的质量和多样性。如果输入的数据不足或偏颇，可能会影响生成结果的准确性和创新性。同时设计师若过度依赖AIGC，可能会影响自身创意能力的培养和发展。平衡技术工具与个人创意之间的关系，是设计师需要面对的重要课题。

AIGC在服装风格表现中的重要性不言而喻。它为设计师提供了强大的工具，促进了风格的创新和多样化，满足了市场和消费者的多重需求。与此同时，设计师应充分发挥自身的创造力，与AIGC技术相结合，弥补其不足，创造出更具价值和影响力的服装作品。

第二节 创意激发与风格引导

在AIGC（生成式人工智能内容）的服装设计应用中，创意激发是至关重要的设计过程。AIGC不仅帮助设计师在技术层面实现创新，还触及了创意的核心，激发出全新的设计灵感和风格表达。通过结合技术与艺术，AIGC使得服装设计的创造力得到了空前的释放。

一、创意激发

创意是服装设计中的灵魂，而AIGC为设计师提供了一个全新的设计与创作维度。在创意激发的过程中，设计师可以通过多种方法引导AIGC生成出富有创新性和独特性的设计方案。

（一）设计空间漫游

AIGC通过对大量服装设计样本的学习，能够生成各种可能性设计，这使得设计师能够进行设计空间的“漫游”。设计师通过观察AIGC生成的各种服装风格，从中发现一些潜在的设计方向和有趣的创意组合。例如，设计师通过生成不同类型的扎染式的服装风格，分析各种款式组合和搭配方式的变化所产生全新的视觉效果，从而激发新的创意（图4-4）。

关键词

一位漂亮的欧美女模特在T台上，数字艺术，超现实主义，扎染，翅膀。

A beautiful Western female model on the runway, digital art, surrealism, tie-dye, wings.

图4-4 扎染风格服装设计，作者：陈文雅

（二）随机性注入

为了促进创意的产生，设计师可以在AIGC设计过程中引入一定程度的随机性。通过在设计空间中引入随机因素，AIGC可以生成更具想象力和创新性的设计。这种随机性注入为设计师提供了突破传统的机会，使得设计过程更具活力和新颖性。设计师可以设置随机性参数，让AIGC生成一系列设计中随机注入一些实验性元素，比如将植物根系与超现实主义风格融合（图4-5）。

关键词

精灵，植物系服装，叶片，根系，花朵，超现实主义，生机盎然，4k高清。

An elf wearing plant-inspired clothing, featuring leaves, roots and flowers, surrealism, vibrant and full of life, 4K HD.

图4-5 植物根系与超现实主义风格融合的服装设计，作者：杨雨晴

（三）风格融合

创意的来源往往是不同风格的融合。设计师可以通过在AIGC的训练中引入多种不同风格的设计数据，使AIGC学到更加多样化的设计风格。在实际生成设计时，通过将不同风格进行巧妙融合，设计师可以创造出独特而具有个性的作品。通过输入如“运动”“未来主义”等风格关键词，AIGC会自动学习并融合这些元素，为设计师提供混合风格的创新设计（图4-6、图4-7）。

A关键词

运动与未来主义风格，金属铠甲服装，酷飒，细节高清。

Sport and futurism style, metallic armor-inspired clothing, cool and edgy, highly detailed in HD.

图4-6 运动与未来主义服装风格设计

B关键词

3D打印与未来主义风格，金属铠甲服装，酷飒，细节高清。

3D printing and futurism style, metallic armor-inspired clothing, cool and edgy, highly detailed in HD.

图4-7 3D打印与服装风格设计

二、主题与风格引导

创意的激发是有目的的，而在设计中保持一定的风格一致性尤为重要（图4-8）。在这一过程中，设计师需要巧妙地运用风格引导的方法，确保最终生成的设计符合预期的风格要求。

图4-8 海洋服装风格设计，作者：罗炫

关键词

海洋，珍珠，贝壳，海星，珊瑚，漂亮的鲛人，数字艺术，科幻感，细节感强，4K高清。

Ocean-inspired theme with pearls, shells, starfish, and coral, featuring a beautiful mermaid, digital art, sci-fi aesthetics, highly detailed, 4K HD.

（一）设定设计约束

为了确保生成的设计符合特定的风格要求，设计师可以在AIGC的训练中引入设计约束。这些约束条件可以包括颜色搭配、款式特征等，从而指导AIGC生成符合设计预期的方案。这种方式保留了设计的主导风格，使得AIGC的生成更具有可控性（图4-9）。

关键词

现代解构风格，折纸艺术黑色服装，纯色背景，4K高清。

Modern deconstruction style, origami-inspired black clothing, solid color background, 4K HD.

图4–9 现代解构风格服装设计，作者：肖婵

（二）引入参考设计

设计师可以通过引入已有的设计作品作为参考，利用AIGC生成的作品与之相比较。这种风格引导的方式有助于确保生成的设计在风格上与原作品较为相似。例如通过参考以下左图，设计师可以转译成AIGC能理解的关键词，以生成右侧新的设计图（图4-10、图4-11）。

A关键词

一件未来主义风格的女士修身连帽外套，反光，镭射材质，线条感，数字艺术，细节质感清晰，4K高清。

A futuristic slimfit women's hooded coat, reflective and made of holographic material, featuring a strong sense of lines, digital art, highly detailed texture, 4K HD.

图4-10 太空风格服装设计

B关键词

时尚扎染风格的收腰连衣裙，色彩绚丽，晕染，4K高清。

A fashionable tie-dye style cinched waist dress, vibrant colors with gradient effects, 4K HD.

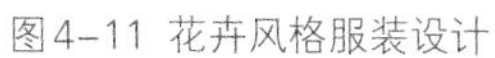

图4-11 花卉风格服装设计

创意激发与风格引导是AIGC设计方法中不可或缺的两个环节。通过巧妙运用创意激发方法，设计师能够在AIGC生成的设计中发现新的灵感和可能性。而通过有效的风格引导，设计师则能够确保生成的设计在风格上与设计要求一致，为最终的服装设计提供坚实的基础（图4-12）。

通过这些方法，设计师能够更灵活地运用AIGC，创造出独具创意和个性的服装设计，推动了时尚领域的不断创新。

关键词

一位精致漂亮的模特，梦幻，仙女，森林树叶礼服，林布兰光，眼神柔和，服装细节高清4K。

An elegant and beautiful model, dreamy and fairy-like, wearing a forest leaf gown, illuminated with fembrandt lighting, soft gaze, highly detailed clothing in 4K HD.

图4-12 树叶风格服装设计，作者：李宇洁

第三节 服装风格生成与优化

在当代服装设计领域，风格的多样性和复杂性不断提升，设计师需要深入理解各种风格的历史背景、文化内涵和现代演变，以创造出既符合品牌定位又能引领潮流的作品。AIGC的应用不仅简化了设计师的创作流程，也拓展了设计师在服装风格生成与优化上的可能性。设计师面对的挑战之一是如何在不同的风格中找到平衡，创造出符合品牌特色和市场需求的独特设计。本节将深入分析八种服装风格的生成，并探讨其优化策略，从设计师的角度出发，结合具体案例，为其提供实用的指导和灵感。

（一）古典主义

古典主义起源于18世纪中期的欧洲，受到古希腊和古罗马艺术的启发，倡导对称、和谐与优雅的设计风格。它反映了启蒙时代对理性和秩序的追求，追求简单的线条和完美的比例，强调古代经典艺术的永恒美感。服装设计中的古典主义通常展现出简洁的剪裁、对称的轮廓和精致的装饰，带有一种庄重和优雅的气质。

在现代时尚中，古典主义风格时常被重新演绎，设计师们通过将传统的经典元素与现代材料和工艺相结合，使其焕发新的生命力。经典的廓形、高档面料和简约的线条让古典主义在现代仍然具有重要的审美意义，尤其是在高级定制和礼服设计中，经常能够看到古典主义风格的痕迹（图4-13）。

图4-13 古典主义礼服设计

A关键词

设计师在一款连衣裙中巧妙融合了经典的A字裙摆设计和现代独特的领口设计，结合羽毛与蕾丝，打造出一件既具有经典氛围又不失现代感的礼服作品，侧光源，古典主义风格，细节清晰，4K高清。

A designer skillfully blends a classic A-line skirt silhouette with a modern, unique neckline design in a dress, incorporating feathers and lace to create a gown that exudes a classic ambiance while retaining a contemporary touch. Side lighting, classical style, clear details, 4K HD.

图4-14 古典主义长裙设计

B关键词

设计一条带有高腰剪裁和柔和褶皱的经典长裙，采用天鹅绒与蕾丝拼接的材质。

Design a classic long skirt with a high-waisted cut and soft pleats, using a combination of velvet and lace materials.

古典主义的服装设计注重比例和结构，采用简洁的线条、优雅的廓形，并以高品质的面料突出服装的高级感（图4-14~图4-17）。设计师通过经典的配色和精致的细节装饰，使服装展现出高贵和端庄的气质。设计策略包括：

对称剪裁：以对称的线条和比例为基础，确保整体设计的和谐与平衡。

经典面料：常用丝绸、羊毛和天鹅绒等高品质面料，以突显奢华和精致的气质。

简约而精致的装饰：配以刺绣、蕾丝或细致的装饰，呈现出优雅与庄重的美感。

常用关键词举例	
永恒优雅（Timeless Elegance）	经典廓形（Classic Silhouette）
结构严谨（Structured Design）	经典配色（Classic Color Schemes）
柔和色调（Soft Tones）	庄重气质（Solemn Elegance）
紧身剪裁（Tailored Fit）	对称剪裁（Symmetrical Cuts）
手工缝制（Hand-Stitched Details）	优雅褶皱（Elegant Pleats）
蕾丝边饰（Lace Trims）	丝绸（Silk）
细致装饰（Delicate Embellishments）	
精致细节（Refined Details）	奢华面料（Opulent Materials）
高档面料（Luxury Fabrics）	天鹅绒材质（Velvet Fabrics）
古罗马风格（Roman Style）	和谐美感（Harmonious Aesthetics）

图4-15 古典主义红黑色西装设计

C关键词

设计一件带有手工刺绣和精致蕾丝细节的经典西装，采用红黑色的丝绒面料，展现高贵优雅，古典主义风格。

Design a classic suit with handcrafted embroidery and delicate lace details, made from red and black velvet fabric, showcasing elegance and nobility, classicism.

图4-16 古典主义宝蓝色西装设计

D关键词

设计一件带有手工刺绣和精致蕾丝细节的经典西装，采用宝蓝色的丝绒面料，展现高贵优雅。

Design a classic suit with handcrafted embroidery and delicate lace details, made from royal blue velvet fabric, showcasing elegance and nobility.

E关键词

设计一件带有手工刺绣和精致皮革细节的经典白色西装，展现经典主义风格，高贵优雅。

Design a classic white suit with handcrafted embroidery and refined lea-ther details, showcasing classicism, elegance, and nobility.

图4-17 古典主义白色西装设计

（二）民族风格

民族风格源于对各民族传统服饰和文化遗产的传承与创新，体现了对多元文化的尊重和认同。它展示了丰富的历史底蕴和地域特色。在全球化的背景下，民族风格与现代设计理念相结合，形成了兼具传统美感和现代审美的作品，促进了文化交流和融合（图4-18~图4-21）。

民族风格汲取各种文化背景的传统元素，展现多元文化的魅力。设计师可以采用以下方法：

文化元素借鉴：借鉴不同文化的传统元素，如印染、刺绣等，赋予设计独特的民族韵味。

传统工艺融入：引入传统手工艺，如手工印染、刺绣、手织工艺，突显文化传统。

常用关键词举例		
民族刺绣（Ethnic Embroidery）	刺绣细节（Embroidered Details）	传统纹样（Traditional Patterns）
民族图腾（Tribal Motifs）	手工艺（Handicraft）	手工印染（Hand-dyed）
织锦（Brocade）	手工织布（Handwoven Fabric）	彩色珠饰（Colorful Beadwork）
天然材料（Natural Materials）	流苏装饰（Fringe Details）	地域特色（Regional Uniqueness）
波西米亚风（Bohemian Style）	多元文化（Multicultural）	

A关键词

蓝白色扎染头饰，扎染图案妆容，时尚风格，4K高清。

Blue and white tie-dye headpiece with tie-dye pattern makeup, fashionable style, 4K HD.

如图4-18，设计师通过深入研究非遗蓝染，将其特有的蓝染技法融入设计中，打造出一系列富有民族特色的服饰造型，利用AI对全球不同文化元素的深入学习，能够创造出融合多种民族特色的服饰造型设计。

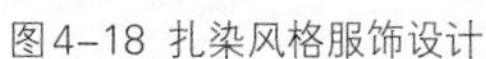
图4-18 扎染风格服饰设计

图4-19 非洲风格服装设计1

B关键词

设计一件融合非洲风格与抽象几何图案的外套，配以木质纽扣和编织腰带，体现自然与文化的结合。

Design a coat that combines African style with abstract geometric patterns, featuring wooden buttons and a woven belt, embodying the fusion of nature and culture.

图4-20 非洲风格服装设计2

C关键词

设计一件融合高饱和度，非洲风格与抽象几何图案的外套，配以木质纽扣和编织腰带，体现自然与文化的结合。

Design a coat that blends high-saturation African style with abstract geometric patterns, featuring wooden buttons and a woven belt, reflecting the harmony of nature and culture.

D关键词

设计一款融合波西米亚风流苏装饰与民族纹样图案的连衣裙，使用手工织物制作。

Design a dress incorporating bohemian-style fringe embellishments and ethnic pattern designs, crafted from handwoven fabrics.

图4-21 波西米亚风格服装设计

（三）怀旧复古

怀旧复古风格通过回溯特定历史时期的时尚元素，唤起人们对过去时代的情感共鸣，体现了对经典美学的怀念和对历史文化的尊重。现代的复古风格在保留传统元素的同时，融入了当代设计理念和技术，使其更符合现代人的审美和生活需求（图4-22~图4-24）。

怀旧复古风格回溯过去的时尚元素，通过现代的眼光重新诠释经典设计。设计师可以采用以下方法：

怀旧元素还原： 运用怀旧时代的设计元素，如配色、波点、褶皱等，还原怀旧氛围。

复古氛围： 注重配饰、发型、妆容等的协调，打造完整的复古风格。

常用关键词举例		
复古风格（Vintage Style）	经典图案（Classic Patterns）	波点（Polka Dots）
波点图案（Polka Dot Pattern）	怀旧色彩（Nostalgic Colors）	怀旧色调（Nostalgic Tones）
现代诠释（Modern Interpretation）	时代元素（Era-Specific Elements）	
复古蕾丝（Vintage Lace）	大地色调（Earthy Tones）	

如图4-22，设计师想要创造一系列结合怀旧复古与现代科技感的服装。设计师设定了复古的色彩和图案为基础，希望融入具有现代科技感的搭配方式，为传统复古风格增添全新的维度。可以输入以下文字，让AIGC给出一些参考方案。

A关键词

结合怀旧复古与现代科技感的服装，复古的色彩和图案为基础，融入现代科技感，4K高清。

Clothing that combines nostalgic retro style with a sense of modern technology, featuring vintage colors and patterns as the foundation, infused with a futuristic technological feel, presented in 4K ultra-high definition.

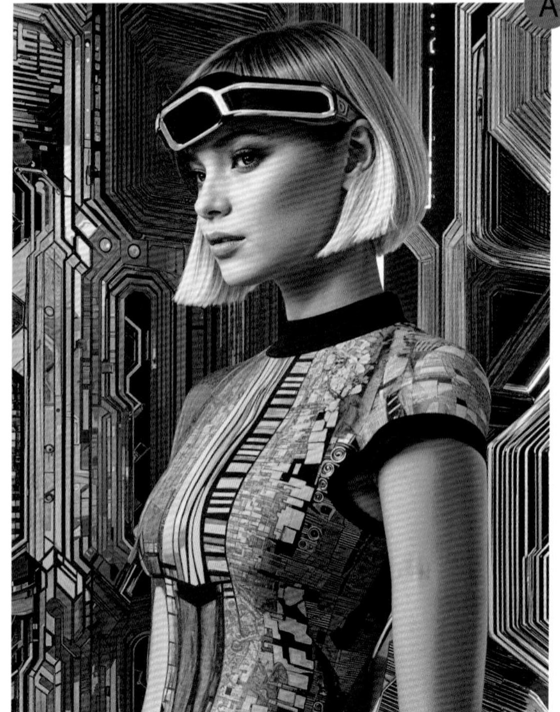

图4-22 怀旧复古风格服装设计

图4-23 怀旧复古风格连衣裙设计

B关键词

设计一条20世纪50年代风格的圆领连衣裙，采用怀旧色彩与复古波点，搭配带腰带的设计，怀旧色调。

Create a 1950s-style round-neck dress with nostalgic colors and retro polka dots, featuring a belted design. nostalgic tones.

图4-24 怀旧复古风格套装设计

C关键词

设计一套大地色系翻领复古衬衣，咖色A字裙，配以高腰剪裁和复古色调，怀旧色调，展现复古时尚魅力。

Design a retro outfit featuring an earthy-toned collared vintage shirt and a coffee-colored A-line skirt, with a high-waisted cut and nostalgic tones, showcasing the charm of vintage fashion.

（四）简约风格

简约风格作为一种设计潮流，起源于20世纪60年代，受到极简主义艺术运动的影响。极简主义的核心是“少即是多”，其宗旨在于通过简单的线条、单一的色彩和极少的装饰来传达设计的精髓。简约风格服装主张去繁就简，注重功能性和实用性，摒弃任何多余的细节，以清晰的轮廓和高品质面料来表达时尚的纯粹（图4-25~图4-27）。

在现代时尚中，简约风格被很多高端设计师所推崇，如乔治·阿玛尼（Giorgio Armani）和吉尔·桑达（Jil Sander）等。设计师们以简洁流畅的线条、极简的配色和高级面料为基础，将现代美学与实用功能相结合，创造出既优雅又实用的服装作品。如今，简约风格不仅是一种设计理念，也代表了一种生活态度——追求纯粹、舒适和优雅。

简约风格强调极简设计和对高品质面料的运用，注重服装的线条感和廓形，以体现简洁、舒适和高雅。设计师通过减少不必要的装饰、注重结构的清晰感来突出简约的美学。设计策略包括：

极简线条：使用干净、利落的线条，保持设计的简洁感和流畅度。

单色调配色：多采用单色或简洁的配色方案，避免过多色彩的干扰，体现极简美感。

高级面料选择：使用高质量的天然面料如丝绸、羊毛等，以突显服装的质感和品位。

常用关键词举例		
简洁线条（Clean Lines）	单色调（Monochrome）	高级面料（Premium Fabrics）
流畅剪裁（Fluid Tailoring）	极简（Minimalism）	功能性（Functionality）
舒适（Comfort）	去繁就简（Simplicity）	清晰廓形（Clear Silhouettes）
单色美学（Monochromatic Aesthetics）	利落（Sharp）	自然感（Natural Feel）
现代感（Modernity）	简约优雅（Minimalist Elegance）	精致细节（Refined Details）

图4-25 简约风格风衣设计

A关键词

设计一款时尚简约风格风衣外套，简约廓形，橘红色系，体现现代简约时尚感。

Design a stylish minimalist trench coat with a simple and modern silhouette in orange-red tones, reflecting a contemporary sense of fashion.

图4-26 简约风格黑色外套设计

B

B关键词

穿着简约的黑色外套，搭配透明性感的内搭，展现现代时尚简约的动态特性。增加细节、提升清晰度、增强细节，整身，胶片风格，自然光，明亮背景。

Wearing a minimalist and stylish black coat, sexy inner layer, showcasing the dynamic nature of modern fashion, increased detail, sharpness enhancement, detail enhancement. Full body, film style. Natural light, the bright background.

C

图4-27 简约风格套装设计

C关键词

一条经典包臀裙，采用蕾丝边饰，蓝橙色对比色调，传递出简约的高雅气质。

A classic pencil skirt with lace trim and a blue-orange contrasting color scheme, conveying a simple yet elegant charm.

（五）雅痞风

起源于20世纪80年代的美国，“雅痞 Yuppie”一词是“年轻城市专业人士 Young Urban Professional”的缩写。这一风格与新兴中产阶级的崛起密切相关，他们追求事业成功的同时，也注重生活品质与时尚表达。雅痞风成为社会地位的象征，以精致的着装、考究的细节和高级感为特点。

现代雅痞风融合了更多的休闲元素，但仍然保持其对高品质和精致感的追求。随着时尚潮流的发展，这一风格逐渐涵盖了商务与休闲的多样化需求，并通过配饰、色彩和细节设计进一步丰富表达方式。

设计师可以采用以下方法：

经典剪裁：选择经典的商务休闲剪裁，注重服装的整体线条感。

高品质面料：强调服装的高品质面料，展现职业人士的优雅品位。

注重细节：在细节处理上下功夫，如领口设计、袖口装饰等。

常用关键词举例

商务休闲（Business Casual） 精致剪裁（Tailored Fit） 高档面料（Premium Fabrics）
细节装饰（Subtle Embellishments） 经典配色（Classic Color Scheme）
格纹图案（Plaid Pattern） 棋盘格图案（Checkerboard Pattern） 中性色调（Neutral Tones）

如图4-28、图4-29，设计师通过在商务休闲服装中融入怀旧元素，成功打造了一系列雅痞风格的服装，吸引了城市白领的关注，以下是可供参考的生成文字。

图4-28 雅痞风格商务休闲装设计1

A关键词

宽松的雅痞风格的商务休闲服装，注重服装的整体线条感，小白鞋，花西服，细节高清。

Loose yuppie style business casual attire, emphasizing the overall flow of the clothing’s lines, paired with white sneakers and a floral suit jacket, highly detailed.

B关键词

设计一款采用小礼帽和棋盘格毛呢西装设计的雅痞造型，商务休闲，搭配针织毛衣与领带，大地色系经典配色，呈现绅士雅痞风范。

Design a yuppie look featuring a small fedora and a checkered wool suit, with a business-casual style, paired with a knit sweater and tie in classic earthy tones, showcasing a gentlemanly preppy flair.

图4-29 雅痞风格商务休闲装设计2

（六）街头文化

街头文化起源于20世纪60年代的美国，融合了嘻哈、滑板、涂鸦等亚文化元素，代表了年轻一代对传统和权威的挑战。它反映了城市生活的多样性和年轻群体的自我表达。随着社会的发展，街头文化逐渐走向主流，受到高端时尚品牌的青睐，形成了“高街时尚”的潮流。

街头文化受到城市街头艺术和青年文化的影响，强调自我表达与个性展示。AIGC在生成街头文化风格设计时，能够结合大胆的图案、独特的剪裁和运动元素，展现年轻的活力与反叛精神（图4-30~图4-33）。设计师可以采取以下策略：

涂鸦与图案：AIGC通过学习大量的涂鸦和艺术图案，能够生成充满活力的街头风格设计。设计师可以利用AI快速生成各种图案，搭配服装设计。引入涂鸦和独特图案，展现街头文化的年轻活力。

运动元素融合：结合运动服饰的舒适感，AIGC能够生成融入拉链、弹力布料等运动元素的设计。

非正统剪裁：采用非对称或宽松的剪裁，强调个性和自由感。

常用关键词举例		
涂鸦艺术（Graffiti Art）	朋克风格（Punk Style）	宽松版型（Oversized Silhouette）
运动元素（Athletic Elements）	大胆色彩（Bold Colors）	街头潮流（Urban Trend）
解构主义（Deconstructed Style）	涂鸦印花（Graffiti Prints）	破洞牛仔（Distressed Denim）
街头标志（Street Logos）	反光材质（Reflective Materials）	撞色设计（Color Clash）
解构式剪裁（Deconstructed Cutting）		

图4-30 街头主义风格服装设计1

A关键词

一家潮流街头品牌的设计师将涂鸦元素与独特的剪裁结合，设计出一系列富有街头文化氛围的潮流单品，受到年轻消费者的喜爱，街头主义风格，服装细节清晰，4K高清。

A designer from a trendy streetwear brand combines graffiti elements with unique tailoring to create a collection of stylish pieces rich in street culture vibes, loved by young consumers. Street-style aesthetic, clear clothing details, 4K HD.

图4–31 街头主义风格服装设计2

图4-32 街头风格夹克设计

B关键词

设计一款带有大量金属铆钉装饰和肩部设计的朋克风夹克，结合破坏性剪裁与皮革拼接，展现不羁与反叛的姿态。

Design a punk jacket adorned with an abundance of metal studs and oversized shoulder structures, combined with destructive cuts and leather patchwork, showcasing a rebellious and defiant attitude.

图4-33 街头风格机能背心设计

C关键词

设计一件多口袋设计的机能背心，街头潮流，体现街头风格的个性化。

Design a utility vest with a multi-pocket design, reflecting street fashion and showcasing the individuality of street style.

（七）解构主义风格

解构主义风格起源于建筑和文学领域，在20世纪末被引入时尚设计之中，主要受到法国哲学家德里达的解构主义思想影响。它的核心理念是打破传统服装设计的固定结构，将原本“完美”的形式进行解构和重组，以挑战主流的审美观念。解构主义风格在服装设计中的表达多种多样，充满实验性和不对称的设计特征，通过对线条、材质和服装构造的重组，颠覆传统时尚的概念（图4-34、图4-35）。

在现代时尚领域，解构主义的影响显著，其风格从先锋时装设计师如川久保玲、山本耀司等的作品中得到淋漓尽致地体现。设计师们通过不规则剪裁、内外部元素的混搭，以及廓形的分割与重新组合，创造出带有颠覆意味的作品，激发了时尚产业对服装艺术性的更多探索。

解构主义风格具有强烈的不对称性、剪裁复杂性和对材质的创新运用。设计师通过对传统剪裁的“解构”与重新拼接，制造出层次分明、结构新颖的视觉效果。这种风格的设计通常强调服装内部结构的外显，将内衬、缝线等通常隐藏的部分直接展现在外，呈现“未完成”或“实验性”的效果。解构主义风格的设计策略包括：

不对称剪裁：通过不对称的衣片设计，打破视觉上的对称美感，营造前卫感。

材质拼接：结合不同质地的面料进行拼接，形成对比效果，增添视觉冲击。

内外翻转设计：将服装内层元素如缝线、接缝、标签等外翻，打破常规设计，传递出对传统的反叛精神。

常用关键词举例

不对称剪裁（Asymmetrical Cutting）　未完成感（Unfinished Aesthetic）
结构外显（Exposed Structure）　材质拼接（Material Patchwork）　内外翻转（Inside-Out Design）
前卫（Avant-garde）　实验性（Experimental）　颠覆传统（Subverting Tradition）
解构细节（Deconstructed Details）　结构重组（Structural Reassembly）　粗糙缝线（Raw Stitching）
棱角感（Angular Shapes）　层次感（Layered Textures）　开放廓形（Open Silhouettes）
混搭风格（Mix-And-Match Style）　不规则轮廓（Irregular Silhouettes）
破坏性设计（Destructive Design）　显露衬里（Visible Linings）
错位结构（Dislocated Structure）　功能外露（Exposed Functionality）

A关键词

设计一款时尚，未来感，皮质连衣裙，大胆色彩红黑搭配，镂空，解构，突出材质拼接和塑形设计。

Design a fashion-able, futuristic leather dress with bold red and black color combinations, featuring cut-outs and deconstructed elements, emphasizing material patchwork and sculpting design.

图4-34 解构主义风格连衣裙设计

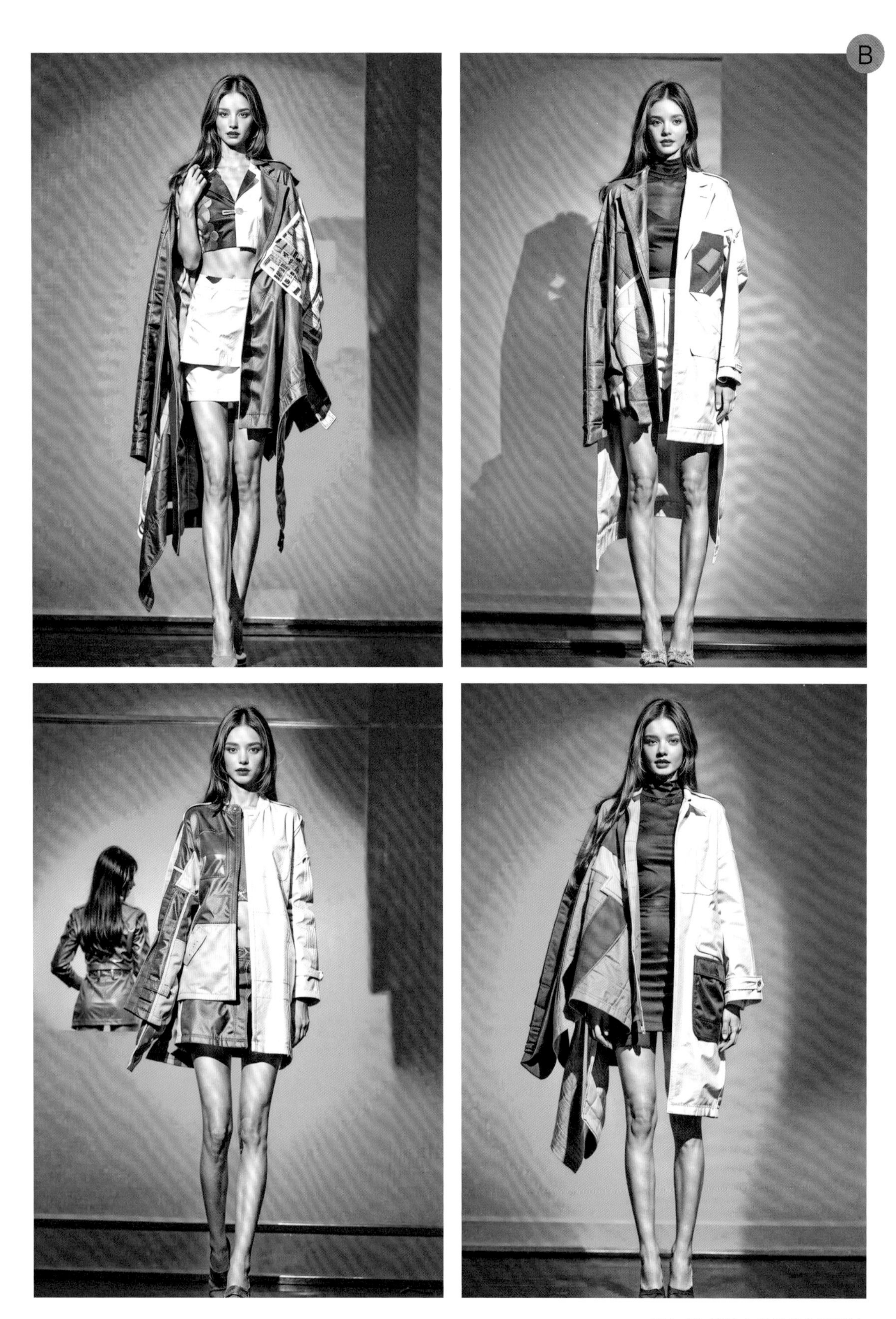

图4-35 解构主义风格外套设计

B关键词

设计一件具有不对称剪裁与材质拼接的解构主义外套，结合粗糙缝线和结构外显。

Design a deconstructivism coat with asymmetrical cuts and material patchwork, combining rough stitching and exposed structure, reflecting a subversive design concept.

（八）概念服装

概念服装起源于20世纪中期，当时艺术和时尚的界限逐渐模糊。尤其在20世纪60年代，随着前卫艺术的兴起，设计师们开始挑战传统的服装功能，创造出以思想和观念为核心的作品。概念服装并非仅仅追求穿着性或美感，而是将服装作为一种表达思想、文化批判或哲学理念的工具。

这一潮流受到当时现代艺术、装置艺术以及建筑的影响，强调“服装即艺术”的理念。艾里斯·范·赫本（Iris van Herpen）、侯赛因·查拉扬（Hussein Chalayan）、里克·欧文斯（Rick Owens）等设计师以非传统的方式探索服装的结构和概念性表现，为概念服装奠定了坚实基础。进入21世纪，随着3D打印、可穿戴技术等创新材料和技术的应用，概念服装进一步推向未来，成为时尚与科技结合的典范。

概念服装的核心不在于功能性，设计师通过非常规的材质、夸张的廓形或实验性的剪裁等方式，使服装成为艺术作品或视觉叙事的一部分（图4-36~图4-38）。概念服装常常超越实用，具有以下特点和设计策略：

哲学或社会主题：设计中通常包含深刻的社会或哲学议题，如环保、技术变革、性别模糊等。

非常规材料：使用非传统材料，如塑料、金属、3D打印材料等，强调服装的非日常性和实验性。

艺术性廓形：通过夸张的线条、结构性轮廓和超大比例，打破人体的自然形态，形成视觉冲击。

常用关键词举例

概念服装（Conceptual Fashion）　3D打印（3D Printing）
可穿戴科技（Wearable Technology）
实验性设计（Experimental Design）
实验性材料（Experimental Materials）
视觉艺术（Visual Art）　雕塑感剪裁（Sculptural Cuts）
极端比例（Extreme Proportions）　抽象艺术（Abstract Art）
抽象元素（Abstract Elements）　抽象形态（Abstract Forms）
哲学概念（Philosophical Concepts）　未来主义（Futurism）
非传统材料（Non-traditional Materials）
环境主题（Environmental Themes）　反传统（Anti-traditional）
艺术性轮廓（Artistic Silhouettes）　超现实主义（Surrealism）
先锋设计（Avant-garde Design）
创新材料（Innovative Materials）　社会批判（Social Critique）

A关键词

漂亮的欧美女模特，海洋污染，高品质，4k画质，真实的皮肤肌理，数字艺术。

A beautiful Western female model, highlighting ocean pollution, high-quality digital art with 4K resolution, realistic skin texture.

A

图4-36 海洋概念服装设计，作者：陈文雅

B关键词

身穿银色未来主义风格创意服装的女性站在一座宝塔前，非常美丽的赛博朋克女孩，CGSociety风格，赛博朋克机械精灵女王，穿着机械服装的女孩，身穿白色未来感盔甲，未来科幻时尚，赛博朋克风格的东方古代建筑，宇宙中的赛博格女神，人工智能公主。

A woman dressed in a silver futuristic creative outfit stands in front of a pagoda, a stunningly beautiful cyberpunk girl. The style is inspired by CGSociety, featuring a cyberpunk robotic elvish queen, a girl wearing a mechanical suit, and white futuristic armor. The design embraces sci-fi futuristic fashion, with cyberpunk-inspired Eastern ancient architecture, a cyborg goddess in the cosmos, and an artificial intelligence princess.

图4-37 赛博朋克概念服装设计

B

图4-38 建筑雕塑概念服装设计

C关键词

设计一款建筑雕塑结构的礼服，几何建筑形态，解构主义，视觉艺术，展现超现实的未来时尚。

Design a gown with architectural sculptural structures, featuring geometric architectural forms and deconstructivism, showcasing visual art and surreal futuristic fashion.

通过本章的探讨，我们深入了解了AIGC生成式人工智能如何在服装设计风格的表达中发挥关键作用。从经典主义的优雅传承到概念服装的个性化表达，AIGC不仅丰富了设计师的创作工具，也扩展了他们探索不同风格的边界。借助AI技术，设计师能够更高效地捕捉和融合多元化的时尚元素，创造出既符合市场需求，又体现个人风格的作品。尽管AIGC为设计过程带来了许多便利与创新，但真正赋予设计灵魂的依然是设计师的设计理念、独特视角与创造力。AIGC作为一种设计工具，为设计提供了前所未有的技术支持，但最终风格的表现与个性的呈现，仍需设计师通过自己的设计判断去把握。

第五章
AIGC在服装面料设计中的应用

第一节 基本概念

在服装设计中，面料的选择与运用是决定服装质感、功能性和美观度的关键因素。面料不仅影响着服装的外观和质感，还直接关系到服装的功能性和穿着体验。对于设计师而言，深刻理解面料在设计中的作用，才能创造出既美观又实用的作品。随着生成式人工智能的迅速发展，设计师在面料表现和创新方面获得了全新的工具和思路（图5-1）。本章使用AIFashions爱时尚软件作生成示例，深入探讨AIGC技术在面料表现中的应用，展示其如何助力设计师更高效地探索和实现创意。

图5-1 AIGC生成的综合材料表现服装

一、面料表现对服装设计的深远影响

面料是服装设计的基础，其特性直接决定了服装的整体视觉效果和实际性能。以下是面料对设计效果的主要影响：

（一）质感与触感

在AIGC生成的过程中，面料质感的模拟是设计的核心之一。通过输入特定的关键词，如“丝绸的光滑”“天鹅绒的柔软”或“麻布的粗糙”，AIGC能够迅速生成符合设计师期望的服装设计图（图5-2）。这种细致入微的质感还可以通过参考图像进一步加强，使得设计师可以快速迭代各种不同的面料表现。

（二）廓形与结构

面料的硬挺度和垂坠性影响着服装的廓形和结构。硬挺的面料如牛仔布、呢绒等，能够保持立体感强的造型，适合设计西装、外套等需要挺括线条的服装；而垂坠性好的面料如雪纺、真丝等，则能创造出飘逸柔美的效果，适合连衣裙、裙摆等设计。

关键词

海上渔夫，较粗糙的棉麻服饰，4K高清。

A fisherman at sea, wearing rugged cotton and linen clothing, 4K HD.

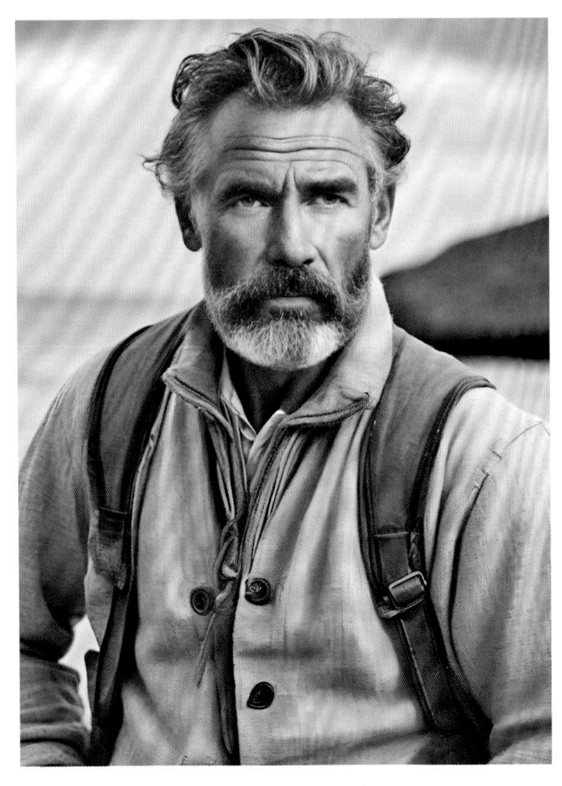

图5-2 棉麻质感服装设计，作者：杨雨晴

（三）颜色与图案的呈现

面料的染色性能和图案表现力也影响着设计效果。棉布和丝绸等面料容易上色，能够呈现出鲜艳的色彩和复杂的印花图案；而皮革等面料则更适合表现质感和纹理。选择合适的面料，才能充分展现设计师对颜色和图案的设想。

（四）功能性与舒适度

面料的功能性，如吸湿排汗、保暖、防风、防水等，直接影响服装的实用性和穿着舒适度。例如，运动服装需要选择具有良好弹性和透气性的功能性面料，以满足运动时的舒适需求；冬季服装则需要保暖性能好的面料，如羊毛、羽绒等。

二、AIGC在面料表现中的优势和特性

（一）加速面料创新与设计

AIGC能够快速生成多种面料纹理，为设计师提供丰富的创意素材。通过对大量面料数据的学习，AIGC可以创造出独特的面料设计，帮助设计师突破传统思维的限制，探索新的材质和纹理组合。

（二）提升设计效率与准确性

传统的面料设计和选择过程往往耗时费力，需要反复试验和打样。借助 AIGC 技术，设计师可以在数字环境中快速模拟不同面料在服装上的效果，及时进行调整和优化。这不仅大大缩短了设计周期，还提高了设计方案的准确性和可行性。

（三）增强可视化效果与沟通效率

借助AIGC，设计师可以在虚拟环境中展示面料在服装上的真实效果，包括质感、光泽度和垂坠感等（图5-3）。这种高度可视化的展示方式，使得设计师、客户和生产团队之间的沟通更加直观和高效，减少了误解和返工的可能。

图5-3 AIGC生成图案增强服装可视化

三、面料选择与设计风格的契合

面料的选择应与设计风格相辅相成，才能使服装作品达到预期的效果。以下是面料与设计风格契合的几个方面。

（一）品牌定位与风格统一

不同品牌有着各自的定位和风格，面料的选择需要与之相符。奢侈品牌通常选用高档面料，如真丝、皮草、纯羊绒等，体现高品质和独特性；快时尚品牌则更多地使用棉、涤纶等实用性强、性价比高的面料，以满足大众市场的需求。

（二）设计主题与面料匹配

每一季的设计都有特定的主题，面料的选择应能突出和强化这一主题。若设计主题是"自然环保"，那么选用有机棉、亚麻等天然环保面料就能更好地传达设计理念；若设计主题是"未来科技"，则可以选择金属质感的面料或功能性纤维，营造出前卫的感觉。

（三）文化元素的表达

设计中融入文化元素时，面料的选择尤为重要（图5-4）。传统服饰通常采用具有地域特色的面料，如中国的丝绸等。这些面料承载着丰富的历史和文化内涵，能够赋予服装独特的魅力。

关键词

一只可爱的猫穿着真丝的裙子，立体钉珠刺绣轻奢风格，精致欧式古典，毛发清晰，4k高清。

A cute cat wearing a silk dress with 3D beaded embroidery in a light luxury style, elegant European classical design, detailed fur, 4K HD.

图5-4 真丝面料服饰设计，作者：任佳欣

第二节 AIGC与面料特性的理解

AIGC技术依赖深度学习和计算机视觉算法，通过对大量面料样本的学习，能够准确感知并模拟出不同面料的细节特征。这些特征包括面料的编织密度、光泽度、表面纹理以及光影效果。通过对这些特征的分析，AIGC可以生成高度逼真的面料表现，从而极大增强服装设计的真实性和艺术表现力。

在现代服装设计领域，面料的选择和应用对成品的质感、视觉效果、功能性具有决定性作用。生成式人工智能技术在面料表现方面为设计师提供了全新的思路和工具，使他们能够更高效、更精准地生成符合设计需求的服装效果图。通过对面料特性深入的理解，AIGC不仅能够模拟真实的面料质感，还能帮助设计师在设计阶段直观预览不同面料的表现效果，从而做出更科学的设计决策（图5-5）。

图5–5 AIGC生成的不同面料细节特征

一、面料表现的关键词输入技巧

在使用AIGC软件生成服装设计图时，关键词输入是引导AIGC生成目标图像的核心环节。通过精确而详细的关键词描述，设计师能够有效控制AIGC的生成方向，实现预期的面料表现效果。成功撰写关键词，不仅能够帮助AIGC识别并理解面料的种类、质感和细节，还能在设计初期提高效率，避免反复修改。以下是撰写关键词时需要注意的构成要素和相关技巧。

（一）面料关键词的构成

1. 面料类型

清晰指定所需面料的种类。这是AIGC生成过程中最重要的基础之一。通过输入明确的面料名称，如“丝”“棉”“毛”“麻”等。AIGC会根据该类面料的特性生成对应的设计图。

2. 面料特性

进一步描述面料的质感、纹理、光泽度等特征。例如，设计师可以使用描述性词汇，如“柔软的”“粗糙的”“有光泽的”“哑光的”，来明确具体的面料表现。

3. 细节元素

添加特定的设计细节，有助于AIGC捕捉复杂的面料表现形式。这包括“刺绣”“褶皱”“流苏边缘”等，通过这些附加的关键词，AIGC能更加精准地再现设计师对面料细节的预期。

图5-6 服装外套设计，作者：李宇洁

A关键词

一位精致漂亮的模特，柔软的棉服外套，波浪褶皱装饰，扭结，防风，酷飒性感，服装细节4K高清。

An elegant and beautiful model wearing a soft cotton coat with wavy pleat decorations and knot details, windproof design, blending coolness with sensuality, highly detailed clothing in 4K HD.

B关键词

生成一件牛仔夹克，搭配破洞牛仔裤，牛仔面料破旧感，服装细节4K高清。

Generate a deconstructed jacket with reflective materials, paired with distressed denim to showcase streetwear energy in 4K HD.

图5-7 牛仔面料服装设计

（二）实用撰写技巧

1. 精准描述

对于面料的精准形容是生成高质量设计图像的基础。通过精确地定义面料种类，AIGC能够迅速锁定该面料的特性，进而生成符合该类面料特性的图像。例如输入“一条由丝绸与羽毛制成的礼服”，明确描述了材质和质感后，AIGC可以准确生成质感轻盈的服装效果（图5-8）。

图5-8 丝绸与羽毛质感服装质感示意图

2. 描述面料特性

在关键词中添加面料的质感和特性，使AIGC能够更准确地理解并呈现设计意图。常见的描述包括"柔软的棉质""光滑的缎面"或"金属质感"等。例如输入"一件光泽度极好的缎面质感连衣裙或真丝套装"（图5-9）。

关键词

漂亮的模特穿着一件哑光的简约真丝面料衬衫，长裤，光滑且柔软的哑光真丝材质，4K高清。

A beautiful model wearing a matte minimalist silk shirt paired with trousers, showcasing smooth and soft matte silk fabric, 4K HD.

图5-9 真丝套装设计，作者：肖婵

3. 添加细节元素

通过描述细节，设计师可以强调面料的表现方式。例如输入"蕾丝、刺绣、褶皱、流苏"等，这些设计细节常常是决定服装风格的重要因素（图5-10、图5-11）。通过关键词准确描述这些元素，AIGC能够更好地还原或创新复杂的面料表现。

A关键词

模特穿着随风飘逸的破碎蕾丝礼服，长发飘逸，风暴，废墟，4K高清。

A model wearing a flowing, tattered lace gown, with long hair blowing in the storm, set against a backdrop of ruins, 4K HD.

图5-10 蕾丝礼服裙设计

B关键词

有历史感的蕾丝和哑光的绸缎面料点缀的复古风格礼服裙，精致和优雅，半身照，细节高清。

A vintage-style gown adorned with historically inspired lace and matte satin fabric, exuding elegance and refinement, half-body shot, highly detailed.

图5-11 蕾丝礼服裙设计细节，作者：杨雨晴

二、利用参考图像增强面料效果

除了通过关键词输入来控制生成结果，参考图像也是AIGC生成高精度面料表现的重要工具。通过提供高质量的视觉参考，AIGC可以更好地理解设计师的意图，尤其在生成复杂的面料纹理或特殊材质时，参考图像能够弥补文字描述的局限性（图5-12）。

（一）参考图像的作用

1. 提供视觉细节

某些面料特性，如复杂的纹理、独特的图案或多层次的细节，可能难以通过文字完全描述。参考图像可以让AIGC快速捕捉这些细节，并在生成过程中准确再现。

2. 提高准确性

即使是使用了详细的关键词，有时AIGC也可能难以生成完全符合设计师预期的结果。而结合参考图像，AIGC能够更精确地理解设计需求，减少反复生成的时间，提高图像的生成精度。

图5-12 AIGC生成的综合材料服装表现

3. 丰富创意

参考图像还可以激发设计师新的创作灵感。AIGC通过分析多个参考图像的不同元素，可以生成具有创新性的设计，从而帮助设计师在风格、材质上进行更多的尝试和探索。

（二）如何使用参考图像

1. 选择合适的参考图像

高质量：高分辨率的图像能够帮助AIGC捕捉更多细节。模糊或低分辨率的图像可能会使AI难以生成精准的设计效果。

相关性：选择与目标面料特性或设计元素相关的图像非常重要。如果图像与设计意图相差过大，AIGC可能会生成偏离目标的结果。

2. 在AI工具中上传参考图像

大多数AIGC工具都支持在关键词输入的同时上传参考图像。设计师应确保在上传图像时遵循平台的要求（如图像格式、大小等），以确保AIGC能正确识别和处理这些参考图像。

3. 结合关键词描述

即使使用了参考图像，设计师仍然需要输入关键词来提供整体的设计框架。关键词描述与参考图像应相互补充，通过文字与图像的双重引导，AIGC能够生成更加符合预期的设计结果（图5-13~图5-17）。

A关键词

绿色，金属，苔藓，数字艺术创意服装。

Green, metallic, moss-inspired digital art creative clothing.

图5-13 绿色苔藓元素服装设计，作者：杨洁

图5-14 穿着风衣的杜宾犬

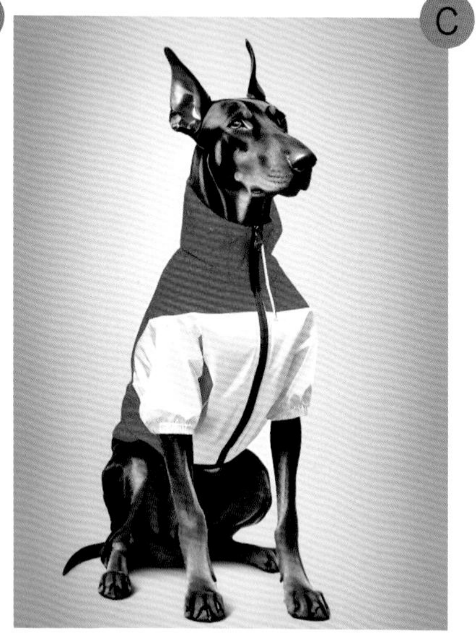

图5-15 穿着防风运动装的杜宾犬

B关键词

一只精英杜宾犬穿着棕色帅气的毛呢质感风衣在街拍，4K高清，写实风格。

An elite Doberman wearing a stylish brown woolen trench coat in a street photography scene, 4K clarity, realistic style.

C关键词

一只酷酷的杜宾犬穿着防风防水材质的运动装，红色机能风，4K高清。

A cool Doberman dressed in windproof and waterproof athletic gear, featuring a red techwear style, 4K HD.

图5-16 穿着黄色外套的杜宾犬

图5-17 穿着朋克风运动装的杜宾犬，作者：任佳欣

D关键词

一只帅气的杜宾犬穿着黄色毛领、绒质感外套在街拍，4K高清。

A dashing Doberman in a yellow fur-collar coat with a plush texture, captured in street photography, 4K HD.

E关键词

一只帅气杜宾犬穿着酷酷的银色皮革朋克风运动外套在街拍，系着领带，4K高清。

A sleek Doberman wearing a silver leather punk-style sports jacket, accessorized with a tie, in a street photography setting, 4K HD.

（三）面料状态与环境变化

在获得面料的基本特征后，AIGC可以利用图像合成技术模拟出高度逼真的面料纹理效果。包括对光照、阴影、环境变化和面料的自然垂感进行模拟，从而在视觉上再现面料的真实质感。

例如设计师设计了一件高级定制礼服，希望将其呈现在异于常规的场景中。通过AIGC技术，设计师可以输入具体的面料特征要求，如丝绸的光滑质感和薄纱的透明轻盈，同时结合环境的变化，模拟再现，使设计师能够直观地预览设计效果，从而做出更加精准的设计决策（图5-18）。

A关键词

沙漠中行走的模特穿着轻盈的薄纱真丝礼服，包裹感，大风，光泽的丝绸质感，多层叠加，轻柔的，神秘，古老。

A model walking through the desert wearing a lightweight sheer silk gown, enveloping yet airy, with a shimmering silk texture, featuring multiple layered drapes. The scene evokes a sense of softness, mystery, and ancient allure.

图5-18 沙漠场景中的真丝礼服设计，作者：杨雨晴

B

AIGC还可以模拟面料在不同环境条件下的性能，如在暴雨中、强风中的效果，还可以设置穿着者服装的活动自由度（图5-19）。

B关键词

一位模特穿着飘逸的礼服裙在风中剧烈地飘扬，长发飘动，服装和头发都被风吹得在左侧飘动，4K高清。

A model wearing a flowing dress fluttered violently in the wind, with long hair fluttering. The clothing and hair were blown to the left by the wind, 4K.

图5-19 强风场景中的礼服设计

第三节 AIGC在面料表现中的技术与应用

在服装设计中，面料不仅决定了服装的外观质感，还影响穿着舒适度、功能性以及设计的整体风格。每种面料类型，如真丝、棉、皮草与皮革、功能性及特殊面料等，都具备独特的特性，决定了其在不同设计中的应用方式。通过AIGC技术，设计师可以在虚拟设计阶段精确地模拟这些面料的表现，提升设计效率和创意空间。以下章节将结合丝、棉、毛、麻、皮草、皮革以及其他面料，详细探讨AIGC在这些面料表现中的应用（图5-20）。

图5-20 蕾丝、真丝等面料的表现

（一）丝

真丝以其极高的光泽度、柔滑的触感和独特的垂坠感，常用于高级定制和奢侈品服装设计。真丝的纤维结构细密，表面光滑，能够反射光线，形成柔和的自然光泽。这使得真丝成为晚礼服、奢华衬衫等场合服饰的首选面料。

在AIGC设计中，设计师可以通过输入“高光泽、柔软、垂坠感强”来生成真丝面料的表现效果。例如在设计晚礼服时，AIGC能够模拟真丝面料在光线下的自然反射和细腻的表面质感，帮助设计师预览真丝面料的视觉效果，尤其是其在运动或光照变化下的动态表现（图5-21、图5-22）。

A关键词

设计一条经典真丝材质的鱼尾裙，采用蕾丝边饰和暖橙柔和色调。

Design a classic mermaid skirt made from silk, featuring lace trims and a warm orange soft tone.

图5-21 真丝材质鱼尾裙设计

B关键词

设计一款轻盈的丝绸晚礼服，展现出高贵的光泽感。

Design a lightweight silk evening gown that displays a luxurious sheen.

图5-22 真丝材质晚礼服设计

真丝面料常与其他材质如薄纱、蕾丝与钉珠等搭配，增加层次感和复杂度。通过AIGC技术，设计师可以快速生成这些材料的叠加效果，并即时调整真丝与其他面料之间的比例，确保整体设计既具奢华感又保持轻盈的动态表现。

（二）棉

棉具有出色的透气性、吸湿性和亲肤性，被广泛应用于各种日常服装中。棉的纤维长度和粗细决定了其质感和耐久性，经过不同的处理（如精纺棉、漂白棉、弹力棉等），可以应用于T恤、衬衫、连衣裙等广泛的设计场景。

在AIGC的设计模拟中，设计师可以输入“柔软、透气、舒适”来生成棉质面料的质感预览（图5-23~图5-25）。例如，在设计一款充满青春活力的连衣裙时，AI能够生成棉质面料的细致纹理，同时可以结合不同的材质，帮助设计师精确选择面料。

A关键词

设计一款宽松的棉质连衣裙，体现自然的垂坠感。

Design a loose cotton dress that em-bodies natural drape.

图5-23 棉质连衣裙设计

B关键词

设计一件高腰棉质长裙，配有廓形袖子和腰带，强调舒适与复古风格的结合。

Design a high-waisted cotton maxi dress with oversized sleeves and a belt, emphasizing the blend of comfort and vintage style.

图5-24 棉质长裙设计

C关键词

设计一款棉质连体裤，结合细褶与束腰设计，具有现代功能性与创意感，适合日常与特殊场合，年轻活力与独特设计感。

Design a cotton jumpsuit with fine pleats and a cinched waist, combining modern functionality and creativity, suitable for both everyday wear and special occasions, expressing youthful energy and unique design aesthetics.

图5-25 棉质连体裤设计

（三）毛

羊毛面料因其保暖性和柔软性，广泛应用于秋冬季服饰，如大衣、毛衣和围巾等。羊毛的纤维结构使其具有良好的弹性与厚重感，适合制作保暖效果强的服装。

AIGC能够模拟羊毛的丰富纹理与绒面效果，使得生成的服装设计在视觉上具有真实的温暖质感。通过使用“保暖羊毛、柔软纤维、绒面效果”等关键词，AIGC可以生成厚重、保暖的服装设计效果，帮助设计师在设计过程中直观呈现羊毛的质感与层次感（图5-26~图5-29）。例如，设计一款羊毛毛衣时，AIGC可以根据针织花纹、纱线粗细和织法变化生成逼真的面料效果图。

A关键词

立体钩针花朵，羊毛针织，上衣与头饰，漂亮的欧美模特，精灵感十足，春季配色。

3D crochet flowers, wool knit top and matching headpiece, featuring a beautiful Western model with an ethereal fairy-like aura, spring-inspired color palette.

图5-26 羊毛针织服装设计，作者：周颖

B关键词

设计一款羊毛针织连衣裙，带有褶皱和不对称下摆，增添时尚前卫感。

Design a wool knit dress with pleats and an asymmetric hem for a modern, edgy look.

图5-27 羊毛针织连衣裙设计

C关键词

设计一件具有厚重保暖效果的羊毛大衣，采用细致的针织纹理，适合冬季寒冷气候。

Design a heavy wool coat with intricate knit texture, suitable for cold winter climates.

图5-28 羊毛大衣设计1

D关键词

设计一款经典的深灰色羊毛大衣，保暖性，商务休闲风，适合秋冬季穿着，增加细节，背景柔和。

Design a classic dark gray wool coat, emphasizing warmth and a business-casual style, suitable for autumn and winter wear, with added details and a soft background.

图5-29 羊毛大衣设计2

（四）麻

麻是一种天然纤维，以其透气性和天然质朴的外观受到设计师的喜爱，常用于夏季服装和休闲风格的设计中（图5-30~图5-32）。麻面料的独特纹理和轻微粗糙的质地使其适合环保或自然主题的设计。

A关键词

设计一件麻质宽松衬衫，浅绿色，强调自然舒适，具有轻微的褶皱感，适合度假场合，背景为海边景色。

Design a loose linen shirt in light green, emphasizing natural comfort with slight wrinkles, suitable for vacation settings, with a seaside background.

图5-30 麻质衬衫设计

AIGC能够真实再现麻布的自然纹理和褶皱，帮助设计师更好地理解其在设计中的表现。例如，设计师可以通过输入“透气麻布、自然粗糙感、环保风格”等关键词，生成具有自然粗糙感和透气性的服装效果，特别适合表现清新自然的设计风格。

B关键词

生成一款夏季麻质连衣裙，具有明显的褶皱和自然粗糙感，强调透气性和舒适度，适合户外休闲，背景是阳光明媚的草地。

Generate a summer linen dress, featuring prominent wrinkles and natural roughness, emphasizing breathability and comfort, suitable for outdoor leisure, with a sunny grassy background.

B

图5-31 麻质连衣裙设计

C关键词

设计一款麻质上衣与休闲裤，浅卡其色，宽松版型，突出自然质感和环保理念，适合日常穿搭，背景为都市街道。

Design a linen top and casual pants in light khaki, featuring a loose fit, highlighting the natural texture and eco-friendly concept, suitable for everyday wear, with an urban street background.

C

图5-32 麻质休闲装设计

（五）皮草与皮革

皮草与皮革因其独特的质感、耐久性和精致的形象，广泛应用于外套、皮鞋、皮包等高端时尚产品中。皮草凭借其柔软和保暖性成为秋冬季奢侈品设计的重要元素，而皮革具有天然的纹理和厚重感，经过处理后可以具备光泽、柔韧性和防水性等特性。

通过AIGC，设计师可以模拟不同种类的皮草和皮革质感。输入“细腻、保暖的皮草”或“柔软、富有光泽的皮革”等关键词，AIGC可以快速生成皮草的毛发细节和皮革的光滑质感（图5-33、图5-34）。

A 关键词

穿着毛绒服饰的模特，长毛，素雅，4K高清。

A model dressed in plush clothing with long fur, minimalist and elegant style, 4K HD.

图5-33 皮草服装设计，作者：杨雨晴

皮革和功能性面料结合被用来创造既耐用又具有防水或防风功能的服装。通过AIGC，设计师可以生成皮革不同裁剪与搭配的效果，如编织的皮革外套等。

B 关键词

一位精致的欧美模特，皮革面料，酷酷的服装，分割镂空，不对称设计，4K高清。

An exquisite Western model wearing leather fabric, edgy attire with cut-out details and asymmetrical design, 4K HD.

图5-34 皮革服装设计，作者：李宇洁

（六）功能面料

功能性面料以其特殊的物理性能和科技属性在现代服装设计中占据重要位置。这类面料包括防水、防风、透气、快干、抗菌、抗紫外线等多种类型，广泛应用于户外服装、运动服装和工作服。

通过AIGC，设计师可以模拟功能性面料的表现，如防水性、透气性和弹性等（图5-35~图5-38）。例如，设计一款户外夹克时，输入“防水、透气、抗风”，AIGC可以生成具有真实感的面料质感。此外，AIGC还能根据面料的弹性特性，优化服装的剪裁设计，确保运动时的舒适度和活动自由度。

图5-35 防风透气夹克设计，作者：杨雨晴

图5-36 防风、保暖夹克设计，作者：李宇洁

A关键词

穿着运动风，防风与透气的夹克，野外，河流树林，防风，4K高清。

A model wearing a sporty windproof and breathable jacket in an outdoor setting, surrounded by a river and forest, designed for wind resistance, 4K HD.

B关键词

模特穿着户外运动风，防风与保暖的夹克，高领，连帽，插肩，双门襟，拼接。

A model dressed in an outdoor sports-style jacket featuring windproof and warm materials, high collar, hooded design, raglan sleeves, double placket, and color-blocking details.

C关键词

设计一款防水运动夹克，深蓝色，带有可调节帽子和防风袖口，适合户外探险，防护效果增强，背景为户外环境。

Design a waterproof sports jacket in deep blue, featuring an adjustable hood and windproof cuffs, suitable for outdoor adventures, enhanced protection effect, background in outdoor environment.

图5-37 防风运动夹克设计

D 关键词

生成一件透气网眼运动背心，浅灰色，适合高强度训练，强调排汗与舒适，背景为健身房。

Generate a breathable mesh sports vest in light gray, suitable for high-intensity training, emphasizing sweat-wicking and comfort, gym background.

图5-38 透气运动背心设计

AIGC系统不仅需要对面料的视觉纹理有深刻的理解，还需要考虑面料的物理属性，如弹性、重量、透气性等，这些属性对服装的外观和功能有着直接的影响。例如设计一款适合秋冬户外活动的保暖棉服，设计师需要考虑面料的防风与保暖性。AIGC系统可以根据这些特定的面料属性要求，筛选出合适的面料选项，并展示其在不同环境条件下的表现，如静止或在强风中等（图5-39、图5-40）。

图5-39 冬季户外棉服设计

E 关键词

时尚冬季户外活动棉服外套，冲锋衣，分割，立体裁剪，充棉面包服饰，无人穿着立体展示，灰色背景，4K高清。

Fashionable winter outdoor activity jacket, combining elements of padded cotton and a shell jacket, featuring segmented and three-dimensional tailoring, presented as a stand-alone puffer coat on a gray background, 4K HD.

图5-40 冬季户外外套设计

F 关键词

男士穿着时尚冬季户外活动外套，冲锋衣，薄荷漫波，分割贴袋，立体裁剪，充棉面包服饰，户外，4K高清。

A man wearing a stylish winter outdoor activity jacket, featuring a shell jacket design in mint green hues, segmented patch pockets, three-dimensional tailoring, and padded puffer elements, set in an outdoor environment, 4K HD.

（七）综合面料

AIGC还可以帮助设计师探索综合面料的应用，如可变色纤维、感温面料等综合面料的创新应用。设计师可以通过AIGC生成这些前沿材料在服装中的应用预览，并模拟其在不同光线或环境条件下的变化，推动科技与时尚的进一步融合（图5-41~图5-43）。

A 关键词

模特穿着感温材质蝴蝶状的裙子，科技感温材料，3D技术，白色，巴黎时装周，高清细节。

A model wearing a temperature-sensitive butterfly-shaped dress, crafted with advanced thermochromic materials and 3D technology, in white, showcased at Paris Fashion Week, with high-definition details.

图5-41 感温材质裙子设计，作者：周颖

B 关键词

一件带有抽象雕塑感剪裁的礼服，采用银色亮面金属材质，传递出强烈的未来主义艺术风格。

A gown with abstract, sculptural cuts, made from silver shiny metallic material, conveying a strong sense of futuristic artistic style.

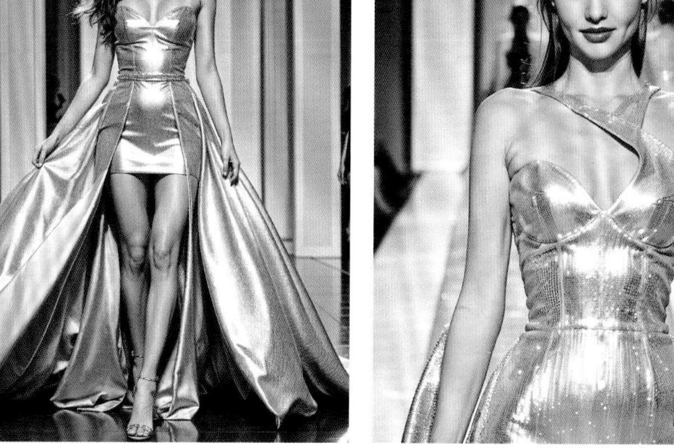

图5-42 金属材质礼服设计

C 关键词

一位漂亮的欧美模特，穿着科技感十足的礼服，变色面料，酷炫，细节清晰，4K高清。

A beautiful western model wearing a futuristic high-tech gown made of color-changing fabric, visually striking with clear details, 4K HD.

图5-43 变色面料礼服设计

（八）服饰的辅料

服饰的辅料包括蕾丝、羽毛、钉珠、纽扣、流苏等装饰性材料，通常用于提升服装的视觉效果和细节美感。这些辅料可以为服装增添层次感与独特性，是设计中不可忽视的元素。

AIGC可以通过模拟这些辅料的质感和细节，为设计师提供多种选择，帮助他们在服装设计中添加合适的装饰。例如，通过输入“精致蕾丝、轻盈羽毛、闪耀钉珠”等关键词，AIGC可以生成蕾丝连衣裙或羽毛礼服的设计效果，帮助设计师更好地理解这些辅料的装饰性作用（图5-44~图5-47）。如图5-44，设计师正在设计一款黑色的礼服连衣裙及头饰，需要特定种类的羽毛与蕾丝面料来突出礼服的隆重感。

A

A关键词

一位漂亮的欧美模特，穿着羽毛与蕾丝的礼服，黑色，4K高清。

A beautiful western model wearing a gown made of feathers and lace, in black, with exquisite details, 4K HD.

图5-44 黑色礼服设计

B

B关键词

法式复古胸衣，蕾丝花边，镶钻，珍珠，抽褶，绑带荷叶褶皱高贵细致。

A French vintage corset featuring lace trim, adorned with rhinestones and pearls, detailed with ruching, lacing, and ruffled flounces, exuding elegance and refinement.

图5-45 法式复古胸衣设计，作者：李宇洁

图5-46 收腰礼服设计1

C 关键词

设计一款V字领收腰礼服，腰部褶皱，镶钻，亮片，光泽感面料，典雅，细节清晰。

Design a V-neck, waist-fitted gown with waist pleats, adorned with rhinestones and sequins, made from glossy fabric, elegant, with clear details.

图5-47 收腰礼服设计2

AIGC通过模拟多种材质的表现，为设计师提供了广阔的创作空间。无论是奢华的真丝与皮草，还是舒适的棉、弹性的针织，抑或是科技感十足的综合面料，AIGC能够帮助设计师，快速生成和调整面料表现，优化设计流程，并推动材质创新与时尚设计的融合（图5-48~图5-53）。

D 关键词

蕾丝与棉质拼接上衣，褶皱半裙，黑色套装，经典主义风格。

Lace and cotton-textured patchwork top, pleated half-skirt, black suit, classicism style.

E 关键词

蕾丝与真丝拼接吊带，真丝半裙，黑色套装，经典主义风格。

Lace and silk patchwork camisole, silk half-skirt, black suit, classicism style.

F 关键词

棉质感拼接吊带，皮质半裙，黑色套装，经典主义风格。

Cotton-textured patchwork camisole, leather half-skirt, black suit, classicism style.

图5-48 蕾丝与棉质拼接套装设计

图5-49 蕾丝与真丝拼接套装设计

图5-50 棉质拼接套装设计

G 关键词

褶皱肌理感面料、棉质感背心，褶皱半裙，本白色套装，经典主义风格。

Pleated textured fabric, cotton-textured vest, pleated half-skirt, off-white suit, classicism style.

H 关键词

褶皱肌理感面料、棉质感背心，褶皱半裙，浅粉色套装，经典主义风格。

Pleated textured fabric, cotton-textured vest, pleated half-skirt, light pink suit, classicism style.

I 关键词

蕾丝与棉质感拼接背心上衣，肌理感亮片材质半裙，粉色套装，经典主义风格。

Lace and cotton-textured patchwork vest top, textured sequin half-skirt, pink suit, classicism style.

图5-51 本白色棉质套装设计

图5-52 浅粉色棉质套装设计

图5-53 蕾丝与棉质拼接套装设计

在本章中，我们详细探讨了AIGC在不同类型面料表现中的技术与应用，包括丝、棉、毛、麻、皮草皮革等。AIGC的生成能力赋予设计师在数字环境中对各种面料进行模拟的可能性，使他们能够在虚拟空间内进行创作、评估和调整。这种技术的应用，不仅提高了设计效率，还增强了创意表现的多样性。AIGC通过其对面料细节的精准模拟，帮助设计师快速预览设计效果，减少面料选用上的不确定性，从而使得设计流程更加精确与高效。

不同类型面料各具特色，AIGC能够帮助设计师通过视觉呈现深入理解这些面料的质感和特性。无论是棉和丝的自然舒适，毛和皮草的奢华保暖，还是功能性面料的科技感和实用性，AIGC在每种面料的表现中都提供了不可替代的支持，助力服装设计从材料选择到风格表现的全面优化。

图5-54 AIGC在面料扎染设计中的应用

综合来看，AIGC在面料表现中的应用为服装设计注入了新活力，使得从概念设计到材料表现的整个过程更具可视化、互动性和效率。随着AIGC技术的进一步发展，面料模拟的精度和表现力将不断提升，设计师们将拥有更广阔的创作自由，设计出更加多样化且具有独特魅力的时尚作品（图5-54）。同时，技术的进步并不意味着可以完全取代人类的创造力和专业判断。设计师仍需结合自身对面料特性的深刻理解，以及对市场和文化的敏锐洞察，才能充分发挥AIGC的潜力，创造出兼具艺术价值和商业成功的优秀作品。未来AIGC在面料表现中的应用将更加广泛和深入。设计师应积极拥抱这一技术趋势，探索更多可能性。

第六章
AIGC在服装图案设计中的应用

第一节 基本概念

生成式人工智能是一个前沿且充满潜力的领域，具有极大的创新性和实用性。服装设计师运用AIGC技术能够根据个人喜好和需求生成指定元素的图案，创造出新颖、独特的图案设计，提供更加个性化的设计成果，为创作提供更多的可能性。

一、图案元素类型综述

在服装设计中，生成式人工智能不仅能够自动化地创造图案，还能根据设计师的具体需求生成包含指定元素的图案。这种能力极大地丰富了设计师的工具箱，使得他们能够在短时间内创造出既符合品牌理念又满足市场需求的图案设计。利用生成式人工智能生成指定元素图案时，图案元素的类型多种多样，以表现形式分类，有写实图案、变形图案、具象图案与抽象图案；以题材分类，有花卉图案、动物图案、风景图案、人物图案、几何图案等。在服装设计应用角度，它们可以是简单的形状、复杂的自然纹理，或者是具有象征意义的符号和图案，以独立或平铺的方式呈现在服装上。这些元素在设计师的手中可以被巧妙地组合和排列，以创造出独特而富有吸引力的图案设计。

（一）具象图案

具象图案指的是那些能够明确辨认出具体对象或实物的图案，如水果、建筑、日常用品等。这些图案通常以写实或稍微简化的形式出现，强调对象的可识别性。具象图案在服装设计中，不仅仅是对实物的简单复制，更是通过艺术化的手法对实物进行提炼、概括和再创作。这些图案保留了实物的基本特征和可识别性，同时又融入了设计师的审美和创意。在服装上运用具象图案，可以直观地传达设计的主题和理念，增强服装的视觉效果和表现力。

以近年来流行的中式图案为例，输入“Beautiful young woman wearing a red embroidered suit, with a golden dragon pattern on her and the background wall also featuring gold dragons. She is standing in front of an elegant crimson backdrop adorned with delicate floral patterns. The overall atmosphere exudes traditional style and elegance. --ar 45:64 --v 6.1”（穿着红色刺绣套装的美丽年轻女性，衣服上绣有金色龙纹，背景墙也装饰着金龙。她站在一个装饰有精致花卉图案的优雅深红色背景前。整体氛围散发出传统风格和优雅。比例45:64，版本6.1）后，AIGC平台给出图6-1、图6-2中的图案。

图 6–1 具象龙纹图案应用在服装上 1

图 6-2 具象龙纹图案应用在服装上 2

（二）抽象图案

抽象图案不依赖于具体的对象或形状，而是通过线条、色彩和形状的自由组合来表达情感、概念或视觉效果。抽象图案在服装设计中是一种高度自由化的艺术表现形式，可以是完全由设计师主观创造的图形，也可以是从自然物象中提取并经过抽象化处理的元素。这些图案在服装上的运用，往往能够打破传统的审美观念，带给人们全新的视觉体验和感受。生成式人工智能通过算法随机生成或基于设计师输入的参数（如色彩范围、形状复杂度等）进行生成，AIGC可以产生无穷无尽的抽象设计变体，为设计师提供丰富的灵感来源。

以时尚潮流品牌中十分受欢迎的赛博朋克风格几何图案为例，如图所示，输入英文“Abstract cyberpunk pattern with neon glitch effects and digital static, geometric shapes, vibrant colors --v 6.1”（带有霓虹故障效果和数字静态的抽象赛博朋克图案，几何形状，鲜艳的颜色 ——版本6.1）后，AIGC平台给出匹配图案，选择其中一款放大后作为印花可得相应效果，满足设计需求（图6-3、图6-4）。

图6-3 抽象图案在服装上应用效果

图 6-4 抽象图案在服装上应用效果

（三）植物图案

植物图案以花卉、树叶、藤蔓等自然植物元素为基础进行设计。这些图案在服装中常用于营造自然、浪漫或复古的风格。利用生成式人工智能，设计师可以轻松地根据最新的流行趋势或特定的设计主题生成植物图案。模型可以学习从现有的植物图像中提取特征，并创造出新颖且符合设计要求的植物图案。

以女性服装中常用的植物图案为例，如图6-5所示，输入“High-resolution watercolor pattern with black circles and pencil wallpaper patterns filled with exqui-site white hawthorn leaves on a white background, with soft, artistic watercolor strokes and ample negative space --tile”（高分辨率水彩图案，背景为白色，上面有黑色圆圈和铅笔壁纸图案，图案

图 6-5 植物图案在服装上应用效果 1

图 6-6 植物图案在服装上应用效果 2

中填满了精美的白色山楂叶，采用柔和的艺术水彩笔触，留有充足的空白空间，四方连续），生成图案自动组合出了不同排列效果图案，可选取其中一张图案在服装上进行模拟应用效果（图6-6、图6-7）。

图 6-7 植物图案在服装上应用效果 3

（四）动物图案

动物图案以动物形象或动物皮毛纹理为基础进行设计。这些图案常用于传达野性、力量或可爱的风格特点。在AIGC中，动物图案的生成可以通过结合图像识别和风格迁移技术来实现。模型可以学习不同动物的特征，并根据设计师的输入（如风格、颜色等）生成独特的动物图案设计。

以常用的豹纹图案为例，输入“A highly transparent pastel pink and blue leopard print pattern --v 6.1 --tile”（一种高度透明的淡粉色和蓝色豹纹图案，版本6.1，四方连续），生成图案自动组合出了不同排列效果图案，可选取其中一张图案在服装上进行模拟，可得如图6-8的应用效果。

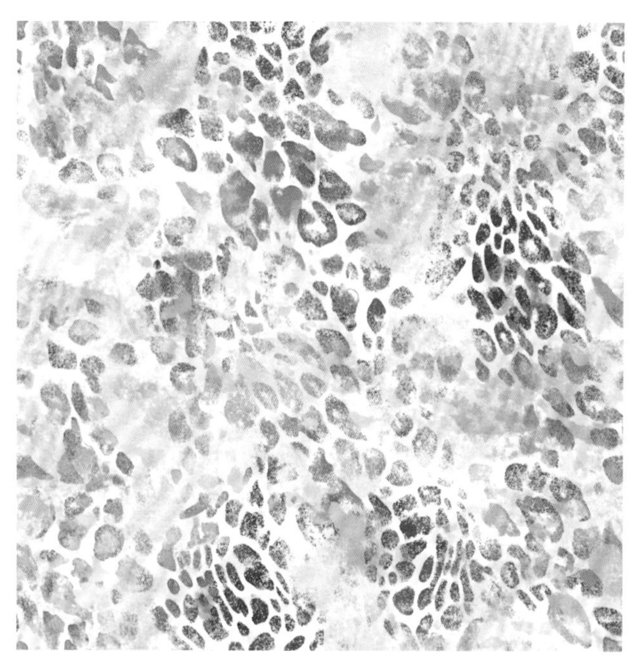

图 6-8 豹纹图案在服装上应用效果

（五）风景图案

风景图案以自然景观（如山水、日落、海滩等）为基础进行设计。这些图案常用于营造宁静、宽广或浪漫的氛围。生成式人工智能可以帮助设计师快速地将各种自然景观元素融合到服装图案中。通过输入特定的风景照片或描述，模型可以生成与之相对应的风景图案，为设计师提供灵感和创作素材。

以山湖风景图案为例，在平台中输入“Realistic mountain lake landscape pattern, soft gray and muted earth tones with detailed lines and organic shapes, applied to high-end fashion coats and dresses with a sophisticated, understated feel, perfect for natural outdoor scenes. --v 6.1”（现实主义山湖风景图案，柔和的灰色和沉静的大地色调，带有精细线条和有机形状，应用于高端时尚外

图 6-9 风景图案

图 6-10 风景图案在裙装上的应用

套和连衣裙，展现出精致而低调的感觉，非常适合自然户外场景。版本6.1），生成图案自动组合出了不同排列效果图像（图6-9），可选取其中一张图案在服装上进行模拟应用效果（图6-10）。

（六）人物图案

人物图案以人物形象或人物活动场景为基础进行设计。这些图案常用于传达特定的文化、历史或社会信息。在AIGC中，人物图案的生成可以通过深度学习模型实现，这些模型能够学习并复制不同文化背景下的人物特征。设计师可以利用这些模型生成具有特定文化背景或故事情节的人物图案，增加服装的文化内涵和吸引力。

以现代人物图案为例，输入“Minimalist portrait pattern featuring abstract faces with strong lines and simplified features, muted colors like soft blue and terracotta on a transparent base, creating a modern, sophisticated look --v 6.1 --tile”（极简主义肖像图案，特点为具有强烈线条和简化特征的抽象面孔，使用柔和的蓝色和赤陶色等柔和色彩，以透明基底呈现，营造出现代、精致的外观，版本6.1，四方连续），以及“Minimalist portrait pattern featuring abstract faces with strong lines and simplified features, muted colors like soft blue and terracotta on a transparent base, creating a modern, sophisticated look,”（极简主义肖像图案，以强烈的线条和简化的特点呈现抽象面孔，透明底色上使用柔和的蓝色和赤陶色等柔和色彩，营造出现代而精致的外观），可生成不同效果人物图案，在服装上呈现出如图6-11的效果。

图 6-11 人物图案在服装上应用效果

（七）几何图案

几何图案是服装图案设计中常见的元素之一，由基本的几何形状（如圆形、三角形、方形等）和线条组成。这些形状具有清晰的结构和规则性，能够带来秩序感和稳定性。这些图案在服装设计中常用于创造简洁、现代或具有视觉冲击力的效果。生成式人工智能可以轻松地生成各种风格的几何图案。通过算法控制形状、线条和颜色的组合方式，AIGC可以产生无穷无尽的几何设计变体，满足设计师对创新性和多样性的需求。同时，这些生成的几何图案还可以作为基础元素进一步组合和变化，创造出更加独特和复杂的服装设计。

将不同几何图形名词作为关键词输入AIGC平台，如输入“Modern geometric patterns with circles, triangles, and rectangles, using a refined palette of gray, black, white, and soft metallic accents,”（具有圆形、三角形和矩形的现代几何图案，使用灰色、黑色、白色和柔和金属色的精致调色板），生成图案在服装上进行模拟应用效果如图6-12所示。

图6-12 几何图案在服装上应用效果

二、依照文字指令生成图案

在服装设计中，生成式人工智能可以根据设计师提供的具体文字指令来生成相应的图案。这种能力为设计师提供了极大的灵活性和便利性，使他们能够以前所未有的方式表达创意和理念。

（一）文字指令的作用

文字指令在AIGC生成图案的过程中扮演着至关重要的角色。文字指令的使用可以大幅提升服装设计的效率和质量。传统的图案设计过程需要设计师花费大量时间和精力进行手绘或数字绘图，而AIGC能够在短时间内根据文字指令生成多个图案方案，供设计师选择和参考。这不仅加快了设计速度，还拓宽了设计的可能性，使得设计师能够更容易地找到符合其需求和期望的图案设计。设计师可以通过文字描述他们需要的图案元素，AIGC系统则根据这些指令来解析并生成符合要求的图案。这种交互方式允许设计师保持对设计过程的控制，同时充分利用AIGC的生成能力来快速实现创意。

（二）指令的明确性与模糊性

设计师在提供文字指令时，可以根据自己的需要选择模糊的描述或明确的指示。明确的描述可能包括具体的颜色、形状、纹理等要求，而模糊的指示则可能只是表达一种情感、氛围或主题。AIGC平台能够处理不同类型的指令，并根据指令的明确性来生成相应的图案。

当输入描述词为模糊指令时，生成图案会根据模型自身数据库，生成最终图案；当输入描述词为明确指令时，生成图案有规范性效果。

如以下两组图片能够直观显示出指令模糊性与明确性对生成图案的影响：如图6-13输入为模糊指令“Abstract pattern inspired by clouds and ocean waves, dynamic organic shapes, creating an elegant, calming effect.--v 6.1”（受云朵和海洋波浪启发的抽象图案，动态的有机形状，创造出优雅、平静的效果。版本6.1），图片中呈现的图案有着随机的颜色和排列方式。图6-14输入为明确指令“Create an image featuring a highly transparent pastel pink and blue material with a messy line pattern, incorporating both plastic and glass textures, set against a pure white background, and presented in a tiled format. --v 6.1 --tile”（创建一个图像，展示一种高度透明的淡粉色和蓝色材料，带有杂乱的线条图案，结合了塑料和玻璃的质感，背景为纯白色。版本6.1，四方连续），图片中呈现的图案根据要求生成了指定了元素、风格与色彩。

图 6-13 模糊指令生成图片效果

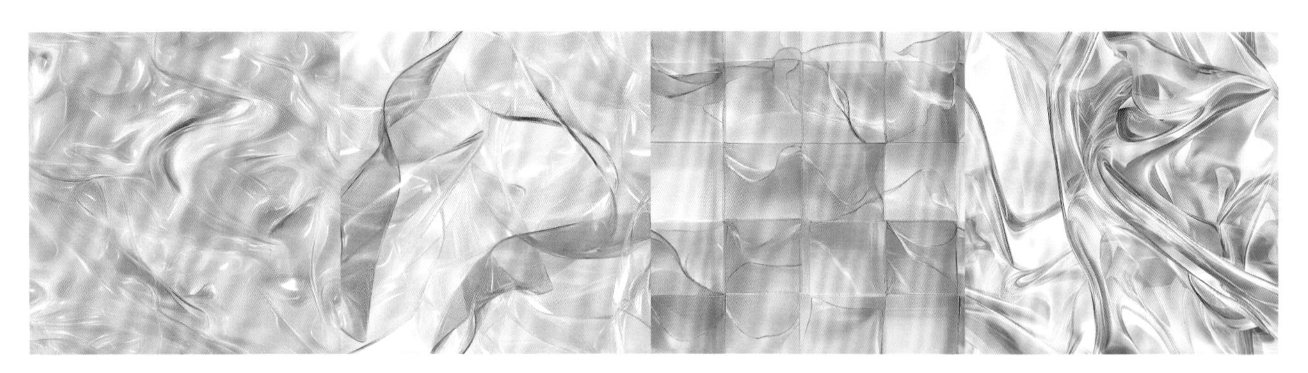

图 6-14 明确指令生成图片效果

三、依照图片指令生成图案

AIGC技术不仅能够根据文字描述生成图像，也可以依照图片指令生成图案。图片指令的加入，让生成的图案更有可控性，提高了设计效率。这项技术结合了图像识别、机器学习和生成算法，设计师提供图片指令，自动或半自动地生成相应的图案设计。

（一）图片指令的来源与类型

图片指令可以来源于多种渠道，如设计师手绘的草图、现有的图案样本、自然风景照片等。这些图片指令不仅提供了图案的基本形状、颜色和布局信息，还蕴含着设计师的创意和审美偏好。

根据图片指令的复杂程度和具体需求，可以将其分为不同类型。简单的图片指令可能只是一张单色图案的轮廓图，要求生成算法填充颜色和细节；而复杂的图片指令则可能包含多种颜色、纹理和动态效果，要求生成算法在保持原有风格的基础上进行创意性扩展。

（二）生成过程的技术实现

依照图片指令生成图案的过程涉及多个技术环节。首先，图像识别算法会对输入的图片指令进行分析，提取出关键的特征信息，如形状、颜色分布、纹理等。然后，机器学习模型会根据这些特征信息，结合大量已有的图案数据，进行学习和推理，以生成符合要求的图案设计。

在生成过程中，算法还需要考虑图案的连贯性、平衡性和美观性等因素。例如，对于需要填充颜色的图案轮廓图，算法会根据轮廓的形状和位置，智能地选择适合的颜色和填充方式，以确保生成的图案既符合设计师的意图，又具有视觉上的吸引力。

在Midjourney平台，后缀指令“--iw”是控制图像相似度权重的关键指令，后缀数值范围为0.5至2。数值越高，生成图片与参考图越相似。具体输入格式为“垫图地址”+“空格”+“关键词”+“空格”+“--iw”+“空格”+“数值”。如图6-15，参考图为中间图片，左边为iw值0.5时生成的图片，右图为iw值2时生成的图片，可以看出不同的iw值对最终生成图案的影响，当iw数值为0.5时图片从构图方式、花朵大小形状和色彩分布上较参考图有较大变化；当iw值为2时，生成图片更为接近参考图片。

图 6-15 垫图生成图案示例

（三）应用场景与优势

依照图片指令生成图案的技术在多个领域都有广泛的应用前景。在服装设计领域，设计师可以通过提供时尚杂志上的图案照片或手绘草图，快速生成符合品牌风格的印花设计。在家居装饰领域，消费者可以通过上传喜欢的自然风景照片或艺术画作，定制个性化的墙纸、窗帘等家居饰品。

这项技术的优势在于它大大提高了图案设计的效率和灵活性。设计师不再需要花费大量时间进行手绘或软件绘图，只需提供简单的图片指令，即可快速生成多个设计方案供选择。同时，由于生成算法具有学习和推理能力，它还能在保持原有风格的基础上进行创意性扩展，为设计师提供更多灵感和可能性。

第二节　生成指定风格图案

艺术风格作为文艺创作中的核心元素之一，它不仅代表了某一艺术家个人的创作特点，也反映了某一时代或文化背景下的普遍审美趋势。AIGC技术可以快速生成指定艺术风格的各种图案，加速服装设计的进程，使设计师能够在短时间内尝试多种设计方案，从而提高整体的生产效率。

一、生成专有风格图案

风格的形成是一个复杂的过程，它涉及艺术家的个人经历、技术手段、社会环境以及观众的接受度等多个因素。在数字艺术和创意产业的融合中，生成艺术家风格图案的技术已成为一个引人注目的领域。这一技术的突破，能够让设计师以前所未有的方式模仿和生成各种艺术家的风格图案。在传统技术条件下，想要模仿某位艺术家作品风格，需要长时间的绘画技术积累与对该艺术家作品的观摩学习，这对模仿者的个人艺术审美也有一定要求，但AIGC出台的这一技术为艺术界带来了革命性的变革，使得普通人也能创作出具有大师级艺术风格的作品。

（一）艺术家风格指令

名人艺术家风格图案通常都有着自身独特的元素使用方式。在输入指令时，只要在模型已有艺术家名字前添加“in the style of”文字或者“专属名字+ style”，即可结合描述生成相应艺术家风格的图案。用Midjourney平台举例，关键后缀词“--s”是风格化专属指令，可输入数值范围为1至1000，数值越大风格化程度越高。

例如，在Midjourney平台输入“Application of Mondrian style pattern in a high-fashion model dress --s 200”（蒙德里安风格图案在高级时装模特裙子中的应用）指令后，能够明显看出风格指令对生成图案的影响（图6-16）。

图6-16 指定风格图案在服装上的应用示意

（二）特定风格指令

在艺术史的长河中，出现了许多具有标志性的艺术风格，每一种风格都代表了其特定时期内的艺术探索和文化表达。通常来说，专有风格都有自己的所属名词，一般根据其形成的代表现象或诞生年代命名。如印象派画家通过光色的即时捕捉来表现景物的瞬间印象，他们常用快速而宽松的笔触来描绘光影变化；立体主义将物体分解后重新组合，从而展现了多维视角下的物象结构；抽象表现主义则进一步摆脱了对具体形象的依赖，通过色彩、形状和线条的自由组合来传达情感和概念。

不同的艺术风格往往通过特定的技法、色彩运用、构图方式等来体现。如3D风格、写实主义风格、文艺复兴风格、超现实主义风格和巴洛克时期风格等，都因其独特的艺术表现形式而被公众所认知。与艺术家风格指令相似，同样可以运用文字描述得到特定风格的图案。

例如，在Midjourney平台输入“Model in a minimalist dress or coat with an abstract Chinese ink painting-inspired landscape patterns, evoking traditional Chinese landscape art with a contemporary twist, soft earth tones, set against a vast open field or a quiet lakeshore with soft natural light enhancing the mood.”（穿着简约风格的连衣裙或外套的模特，衣服上面有带有现代感的抽象中国水墨画风格的风景图案，柔和的大地色调，背景是一个开阔的田野或安静的湖畔，柔和的自然光线增强了氛围），可以看到根据指令生成的图案很好融合了传统东方水墨艺术与现代服装设计的高级感，呈现出一种具有文化深度和时尚感的图案（图6-17）。

图 6-17 现代中国水墨画风格图案在服装上的应用示意

二、生成参考风格图案

并不是所有的艺术作品创作者都能够作为一个现象级名词被收录到数据库中，所以当找到想要模仿的风格参考图，却不了解作者是谁或者作者并不够家喻户晓时，我们可以运用不同平台提供的垫图功能，将参考图输入AIGC平台，对其下达模仿指令。AIGC平台为设计师快速生成参考风格图案，提供了多种方法。

生成参考风格图案的原理和生成名人艺术家专有风格图案基本相同，区别在于专有风格可以直接用文字描述，但指定风格需要在文字描述基础上，输入图片进行辅助生成。以下将借用Midjourney平台，详细展示具体操作步骤。

（一）简单垫图生成法

1. 获取参考图图生文指令

将参考图片上传至平台，上传成功后按回车键，图片将被输入进Midjourney服务器。

2. 获取参考图返回文字描述提示词

图片被输入服务器后，Midjourney Bot将返回4组描述图片的提示词，4组词语在描述图片时会有不同侧重点，设计师可根据自身需求进行选择最为贴切的一组。

3. 上传目标图片生成新图

在同样位置，将目标图片即希望最终生成的图片上传后，加入参数指令“--iw”，得到指定风格图案。

4. 重复操作得到系列图

在已有需求图片基础上，可重复上述步骤，生成一系列需求图案，所得图案在同一风格下，可以呈现细微不同效果，从而更好地满足设计需求。

如图6-18、图6-19所示，垫图后生成对应4组提示词，将提示词再生成后可得不同图片效果，图片顺序即对应提示词顺序（图6-20）。

图 6-18 垫图生成法应用示意 1

1 A beautiful Black woman wearing an African print suit, posing for Vogue magazine. The background features red lighting, evoking a 70s fashion editorial photography style. The image has a hyper-realistic quality.

2 A beautiful Black woman wearing an African print suit with large earrings and high heels, posing in the style of Jeanloup Sieff. The background is a red light from behind her head. The image was shot on film using soft lighting. It is a full-body shot. She has an afro hairstyle. There are sun rays coming through a window, illuminating one side of her face. The overall mood is very moody. She looks confident and powerful. Her outfit features circles and dots. Her hands rest at her sides.

3 A model wearing an outfit with a circular pattern print, posing in front of a red light backdrop. The suit is designed in the style of Scocoa Elementa and features vibrant blue fabric adorned with yellow circles. She has a dark skin tone, and her hair is styled in a short, curly afro. Her hands rest on her hips as she poses for the fashion editorial photoshoot.

4 A fashion editorial photoshoot of an African American woman wearing a printed suit with a circle pattern, standing in front of a red light and black background, with high contrast and hyper-realistic photography.

图 6-19 垫图生成法详细对应提示词

图 6-20 垫图生成法应用示意 2

（二）风格调节器法

该方法适用于没有明确风格指向情况下，可以使用风格调节器命令，系统将根据算法一次性提供16、32、64、128种不同风格进行选择。但使用时较为不方便的是风格代码复杂，不便于记忆，当后续设计仍需使用该风格时，需单独存储生成风格代码。

1. 通过“/ tune+提示词”生成多张图像，每张图像都代表一个风格

具体操作为在Midjourney的文本框中输入 / tune，在弹出的prompt框里输入需要的画面内容。按Enter发送后，机器人会返回一段消息，让使用者确认是否启用“Style tuner”功能，这一步有以下几个操作要点：

第一步：先选择Style Directions。Style Directions会决定生成多少种风格，有16 /32 /64 /128四个档位，档位越高，获取的风格越多样。每个Directions会生成一对（2张）四宫格图像，如果选择的是32档，那么最终会生成64张四宫格图像，得到64种不同的风格。其他档位以此类推。

第二步：选择 Mode。有Default（默认）or Raw（原始）两个模式，一般选择 Default。

第三步：确认消耗的会员分钟数。/ tune会生成大量图像，每张图像都会消耗我们购买的Fast GPU分钟数，16档大约消耗0.15个小时，32档大约消耗0.3个小时。如果购买的Fast分钟数本身就不多，需要谨慎使用此功能。

生成信息确认无误后，点击绿色的“Submit”按钮提交，系统会再次弹出一个提醒，询问是否确认。点击“Are you sure”按钮，系统会开始生成。

2. 等待Midjourney生成 Directions图像

完成以上步骤后会弹出“Style Tuner Ready!”的提示，点击其中的链接跳转到新页面，页面里有所有的风格图像（图6-21）。选择一个或混合多个喜欢的风格，并复制其代码（code）。如之前选择32，每组可以选择一个风格，可以最多创建一个32种风格的混合。但是风格太多会影响最终效果，官方建议选择数量在5至10个风格。如果想选择单一的风格，则在其他15组中都选择中间的黑框（图6-22、图6-23）。我们每次选择的风格（无论是一个还是多个混合），都会有一个独特的代码，显示在网页底部。

3. 生成新图像时，以“--style”后缀参数的形式加在提示词中

图像会以你选择的风格呈现（“--style”指令影响风格参考的总强度，数值范围从0开始，当输入为0时代表关闭风格参考。正常默认值为100，1000是最大强度）。

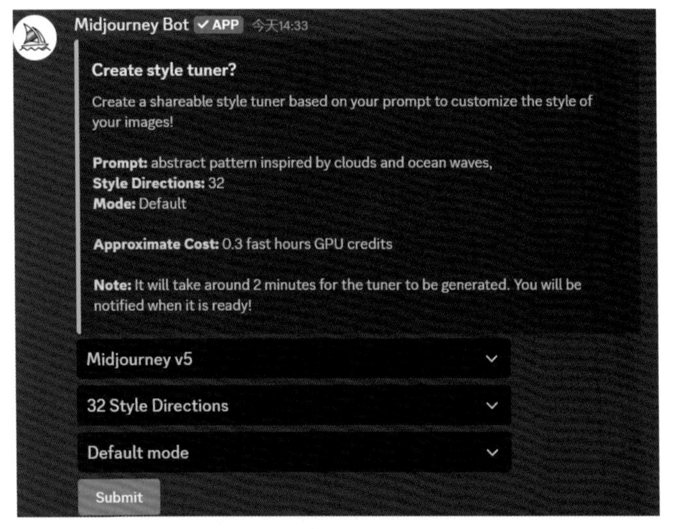

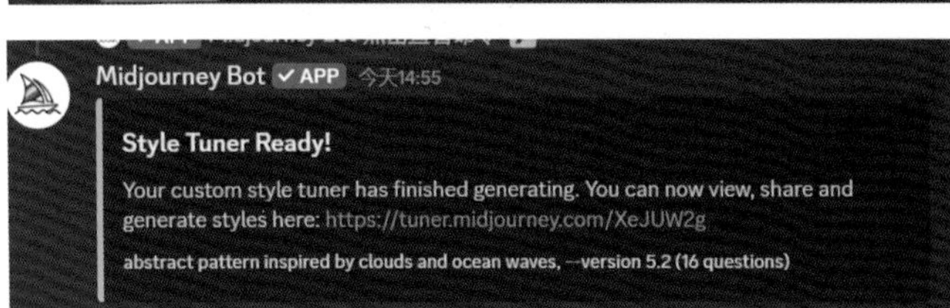

图 6-21 “/tune”操作核心界面示意图 1

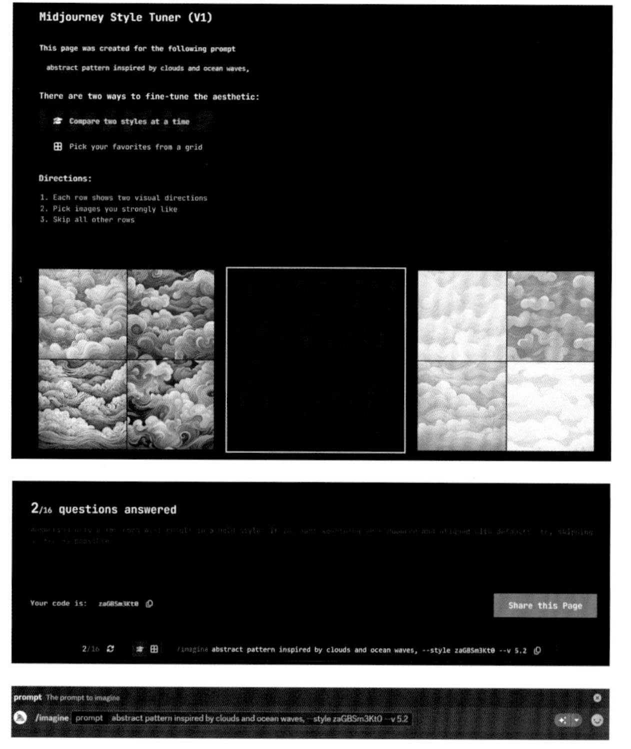

图 6-22 “/tune”功能操作核心界面示意 2

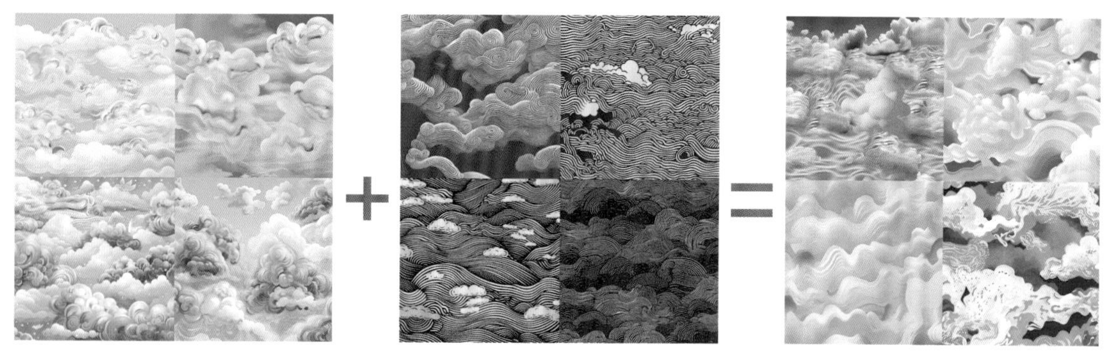

图 6-23 “/tune”功能融合原始图与新图

（三）风格参考法

除此之外，Midjourney平台最新更新中，为方便使用者进行风格模仿，添加了专门用于风格学习的专属指令，使得这一操作更为便捷（表6-1）。这一功能适合有明确参考风格的情况下进行操作。功能为使用参考图风格结合提示词进行图案绘制提供了可能性。该功能目前只适用于MjV6和NijiV6图像模型。

新添加的指令为“--sref”，具体操作步骤如下：

第一步：在所有提示词之后，添加“--sref”参数，在空格后输入一个或多个参考图像的链接（URL），供平台参考。

第二步：在每一个图像链接后可设置该链接的参考权重，具体操作为在该链接后输入“::数值”，其中数值越大权重越高。

表6-1 Midjourney平台常用风格

序号	风格	对应英文指令	序号	风格	对应英文指令
1	3D风格	3D	41	梦幻流畅	James Jean
2	90年代电视游戏	90s Video Game	42	浮世绘	Japanese Ukiyo-e
3	抽象风	Abstract	43	美式人物	Jean Giraud
4	抽象表现主义	Abstract Art	44	约翰内斯·伊顿（包豪斯继承者）	Johannes Itten
5	艾德里安·多诺休（油画）	Adrian Donohue	45	达·芬奇	Leonardo Da Vinci
6	艾德里安·托米尼（线性人物）	Adrian Tomine	46	漫画	Manga
7	吉田明彦（厚涂人物）	Akihiko Yoshida	47	极简主义	Minimalist
8	阿方斯·穆查（鲜艳线性）	Alphonse Mucha	48	宫崎骏风格	Miyazaki Hayao Style
9	日本动画片	Anime	49	剪辑	Montage
10	数字混合媒体艺术	Antonio Mora	50	欧普艺术/光效应艺术	OP Art /Optical Art
11	建筑素描	Architectural Sketching	51	局部解剖	Partial anatomy
12	新艺术风格	Art Nouveau	52	真实感	Photoreal
13	巴洛克时期	Baroque	53	皮克斯	Pixar
14	包豪斯	Bauhaus	54	像素画	Pixel Art
15	黑白	Black and White	55	点彩派	Pointillism
16	粗犷主义	Brutalist	56	黑白电影时期	Pulp Noir
17	蔡国强（爆炸艺术）	Cai Guoqiang	57	绗缝艺术	Quilted Art
18	角色概念艺术	Character Concept Art	58	写实主义	Realism
19	克劳德·莫奈	Claude Monet	59	真实的	Realistic
20	彩墨纸本	Color ink on Paper	60	文艺复兴	Renaissance
21	概念艺术	Concept Art	61	超现实主义	Rene Magritte
22	建构主义	Constructivist	62	复古 黑暗	Retro Dark Vintage
23	乡村风格	Country Style	63	Riso印刷风	Risograph
24	立体派	Cubism	64	奇幻、光学幻象	Rob Gonsalves
25	涂鸦	Doodle	65	新艺术	Rococo
26	民族艺术	Ethnic Art	66	几何概念艺术	Sol LeWitt
27	时尚	Fashion	67	蒸汽朋克	Steampunk
28	野兽派	Fauvism	68	童话故事书插图风格	Stock Illustration Style
29	电影摄影风格	Film Photography	69	次表面散射	Subsurface Scattering
30	法国艺术	French art	70	超现实主义	Surrealism
31	未来主义	Futuristic	71	对称肖像	Symmetrical Portrait
32	游戏场景图	Game Scene Graph	72	东方山水画	Tradition Chinese Ink Painting
33	哥特式黑暗	Gothic Gloomy	73	国风	Tradition Chinese Ink Painting Style
34	设计风	Graphic	74	统一创作	Unity Creations
35	达达主义、构成主义	Hans Arp	75	维多利亚时代	Victorian
36	超写实主义	Hyperrealism	76	凡·高	Vincent Van Gogh
37	柔和人物	Ilya Kuvshiov	77	古典风，18—19世纪	Vintage
38	印象派	Impressionism	78	伏尼契手稿	Voynich Manuscript
39	水墨插图	Ink Illustration	79	细腻、机械设计	Yoji Shinkawa
40	墨水渲染	Ink Render	80	线条流畅、精美	Yusuke Murata

第三节　生成指定构图图案

设计师可以通过AIGC平台提供的用户界面，手动选择或上传这些元素，并定义它们在生成图案中的位置和排列方式。生成性AIGC可以给设计师提供指定的图案构图形式，通过计算帮助设计师快速生成不同的图案构图。

一、适合图案的生成

适合纹样是具有一定外形限制的纹样，它的图案素材经过加工变化，最终被巧妙地组织在一定的轮廓线以内。这类纹样受到特定外形的影响，即使在去除外在形的条件下，纹样仍然保留着该外形轮廓的特征，常见的外形包括圆形、方形、三角形、椭圆形、菱形等。此外，还有利用自然物体作为外形轮廓的设计，例如葫芦形、花形、叶形、桃形、扇形等。从使用角度可将适合这样分为填充纹样、角隅纹样、边饰纹样。

（一）填充纹样适合图案

填充纹样是指用一个或数个不同的形象填满一定的外轮廓，其形象自然地随外形而变，亦可稍稍突出边线。常用于建筑、园艺、陶瓷、服饰、商标、标志等上面。填充纹样图案单纯明确、优美完整，但要注意空间分隔得体及整体的平衡感。几何形适合图案是较常见的应用之一，在运用AIGC平台生成图案时，不需要更多尝试即可得到满足需求的图案。

以圆形为例，在Midjourney平台输入“a round red embroidery filled with red embroidery lines, white background, no other colors”（一个圆形的红色刺绣，上面填满了红色的刺绣线条，白色背景，没有其他颜色），即可得到图6-24中的图案以及图案在服装上应用效果。

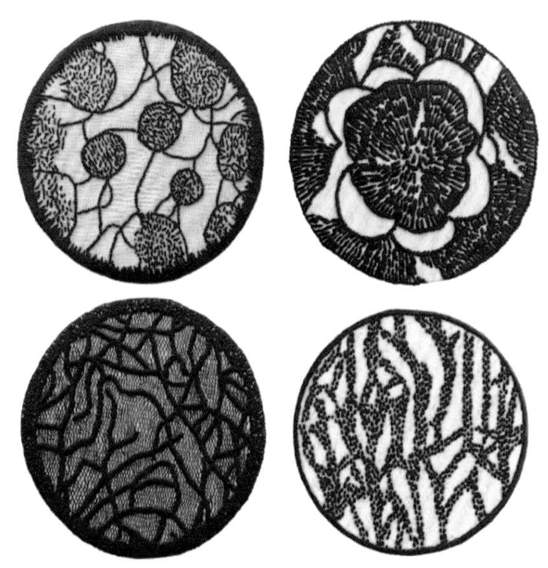

图6-24　生成圆形适合图案与在服装上的应用示意

（二）角隅纹样适合图案

角隅纹样是指与角的形状相适合，受到等边或不等边的角形限制的装饰纹样。它可用于一角、对角或多角装饰上。除内部纹样要随角形而变外，角尖端外形亦可作变化，广泛用于门窗、手帕、方巾、桌布、床单、地毯、服装及各种角形器物上。

输入“Vector angle design, white background, concise, clear lines, high contrast, no shadow, high resolution, high quality, no gradual shadow, vector graphics style, decorative flower pattern at the top of the frame, there is a large negative space around. The design is simple. Decorations are drawn from the upper-right and lower-left corners of the page.”（矢量角设计，白色背景，简洁，线条清晰，对比度高，无阴影，高分辨率，高质量，无渐变阴影，矢量图形风格，框架顶部装饰花卉图案，周围有大的负空间。设计简单。装饰物是从页面的右上角和左下角绘制的）时，可得角隅纹样适合图案，将其应用到服装上可参考图6-25的效果。

图 6-25 角隅纹样适合图案与在服装上的应用示意

（三）边饰纹样适合图案

边饰纹样是指受一定外形的周边所制约的边框纹样。可以是一个单位纹样单独出现，也可以是单位纹样的有限重复或首尾相接，广泛用于陶瓷、服饰品、包装盒及各种器物的周边。

输入“Three separate panels, each depicting an elegant medieval-style decorative motif in grey and beige tones on a linen background. The pattern is symmetrical with intricate details and features floral motifs and ornamental borders. Each panel has its own wooden frame, adding to the traditional feel of the design, in the style of [Leonardo da Vinci] . --ar 82:27”（三个独立的面板，每个都以灰色和米色调的精美中世纪风格装饰图案装饰在亚麻背景上。图案是对称的，细节精细，特色是花卉图案和装饰边框。每个面板都有自己的木框，增添了设计的传统感，风格类似于“列奥纳多·达·芬奇”。比例82:27）时，可得边饰纹样适合图案，将其在服装上运用可以得到如图6-26中的不同效果。

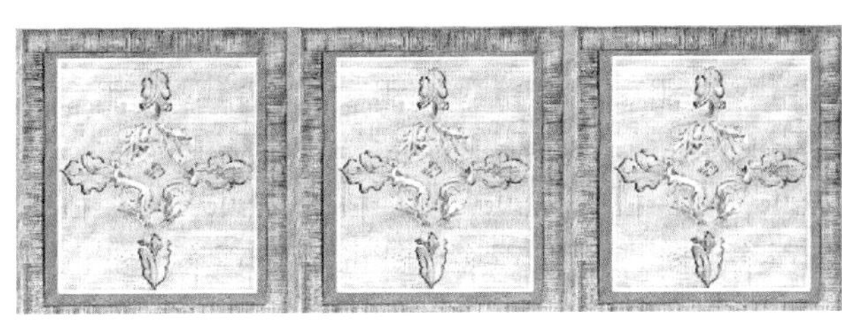

图 6-26 边饰纹样适合图案与在服装上的应用示意

二、二方连续图案构图生成

AIGC技术通过深度学习和生成模型，能够自动生成符合特定规则和美学标准的二方连续图案。这种技术不仅大大提高了图案设计的效率，还为设计师提供了更多的创意可能性。具体输入常用形状对应英文见表6-2。

（一）二方连续构图图案的概念与特点

图案二方连续图案，又称作“带状图案”或“边饰图案”，是一种在平面上无限延伸的图案形式。它通常在一个单位图案的基础上，通过重复、对称或平移等手法，形成连续的、循环的图案效果。在二方连续图案的构图生成过程中，设计师需要综合考虑图案的单元设计、排列方式、重复节奏以及整体视觉效果等因素。

（二）AIGC生成二方连续图案原理

1. 定义规则与约束

设计师需要定义图案的基本规则和约束，如颜色、形状、纹理等。这些规则和约束将作为生成模型的输入，指导模型生成符合要求的图案。

表6-2 常用形状对应英文

序号	中文	英文	序号	中文	英文
1	三角形	Triangular（Delta Type）	23	长方形（形容词）	Rectangular
2	菱形（斜方形）	Rhombus（Diamond）	24	圆锥形	Conical
3	蛋形	Egg–shaped	25	圆柱形	Cylindrical
4	葫芦形	Pear–shaped	26	正方形	Square Box
5	五边形	Pentagon	27	长方形	Rectangle
6	六边形	Hexagon	28	梯形	Echelon Formation
7	七边形	Heptagon	29	平行四边形	Parallelogram
8	八边形（立菱形）	Upright Diamond	30	井筒形	Intersecting Parallels
9	菱形	Diamond Phombus	31	长六边形	Long Hexagon
10	双菱形	Double Diamond	32	圆形	Circle/Round
11	内十字菱形	Gross in Diamond	33	二等分圆	Bisected Circle
12	四等分菱形	Divided Diamond	34	双环形	Crossed Circle
13	斜井形	Projecting Diamond	35	双圆形	Double Circle
14	内直线菱形	Line in Diamond	36	双带圆形	Zoned Circle
15	三菱形	Three Diamond	37	六角星形	Hexangular
16	长圆形	Long Circle	38	十字形	Cross
17	椭圆形	Oval	39	圆内十字形	Cross in Circle
18	双缺圆形	Double Indented Circle	40	山角形	Angle
19	圆内三角形	Triangle in Circle	41	义架形	Crotch
20	三角形	Triangle	42	星形	Star
21	二重三角形	Double Triangle	43	月牙形	Crescent
22	内外三角形	Three Triangle	44	心形	Heart

2. 训练生成模型

使用大量的二方连续图案数据来训练生成模型。这些数据可以来自历史图案库、设计师的创作或者网络上的公开资源。通过训练，模型能够学习到二方连续图案的内在规律和美学标准。

3. 生成图案单元

一旦模型训练完成，就可以开始生成图案单元了。设计师可以指定一些初始条件，如起始形状、颜色等，然后让模型根据这些条件生成一个或多个图案单元。

4. 验证与优化

生成的图案单元需要经过验证和优化，以确保它们符合设计师的要求和美学标准。

5. 生成二方连续图案

将验证过的图案单元按照二方连续的方式排列组合，生成最终的二方连续图案。这个过程可以通过算法自动完成，也可以由设计师手动调整和优化。

（三）技术实现与案例分析

以Midjourney平台为例，前期相关模型已经在平台内训练成功，设计师在操作时可直接使用生成连续图案对应的专属指令“--tile”，但如需生成有边界效果的二方连续图案，可以在描述词中进行限定即可得到相对应效果图案。

如图6-27，在描述词中输入“Blue and white horizontal stripes with a lotus pattern border, inspired by traditional Gzhel and Khokhloma patterns, in soft beige and olive tones, flat vector design on luxury fabric --ar 9:16 --tile”（蓝白色水平条纹，带有莲花图案边框，灵感来源于传统的格热尔和霍霍洛马图案，采用柔和的米色和橄榄色调，平面矢量设计应用于奢华面料——比例9:16，四方连续），可得有明显边界的图案，选择效果最为贴合的第三种样式进行使用，即可得到一幅有边界的二方连续图案。

图6-27 二方连续图案在服装上的应用示意

三、四方连续图案构图生成

四方连续图案是一种在二维平面上无限延伸的图案形式，它在四个方向上都能呈现出连续和重复的特点。随着AIGC技术的飞速发展，利用算法和机器学习模型自动生成四方连续图案构图已成为可能。这种方法不仅大大提高了设计效率，还为设计师提供了前所未有的创意空间。

（一）四方连续构图图案的概念与特点

四方连续构图图案，是指在四个方向上都能够无限延伸的图案设计。它通常以正方形或矩形为基本单元，通过不断地重复和排列，形成连续的、具有统一风格的图案。生成四方连续图案构图的过程涉及图案设计的基本原则、重复单元的创造，以及整体布局的考虑。四方连续构图图案的特点在于其高度的规律性和统一性，同时又不失复杂性和变化性，能够产生强烈的视觉冲击力和艺术美感。这种图案在纺织品、室内设计、壁纸等多个领域都有广泛的应用。

（二）AIGC技术在四方连续构图图案中的应用

AIGC技术为四方连续构图图案的设计带来了革命性的变革。通过深度学习和生成模型，AIGC能够自动生成具有独特美感和创意的四方连续构图图案。

1. 数据驱动的设计

在AIGC生成四方连续构图图案的过程中，首先需要收集大量的四方连续构图图案数据作为训练集。这些数据可以来自历史图案库、设计师的创作或者网络上的公开资源。通过对这些数据的分析和学习，AIGC模型能够捕捉到四方连续构图图案的内在规律和美学特征。

2. 算法的创新

AIGC生成四方连续构图图案的核心算法通常基于生成对抗网络（GAN）或变分自编码器（VAE）等生成模型。这些算法通过不断迭代和优化，能够自动生成符合特定规则和美学标准的四方连续构图图案。设计师可以通过调整算法的参数和约束条件，来控制生成图案的风格、色彩、大小等特征。

3. 创意的融合

AIGC技术不仅能够生成符合传统美学标准的四方连续构图图案，还能够通过创意的融合，创造出全新的视觉效果。设计师可以将不同的四方连续构图图案进行组合、叠加或交织，以产生更加复杂和富有层次的构图。此外，AIGC还可以与其他创意工具相结合，如图像处理软件、3D建模工具等，从而进一步扩展其应用范围和创意空间。

（三）技术实现与案例分析

在Midjourney平台中，针对四方连续生成效果，同样使用专门指令“--tile”，将这一指令放置在描述词末尾，即可命令生成图案为四方连续图案。

如输入指令“Realistic pattern of abstract cityscape, modern architecture, soft gray tones with subtle accent colors like warm beige and muted turquoise, minimalist aesthetic, --tile”（抽象城市景观的真实图案，现代建筑，柔和的灰色调搭配微妙的强调色如温暖的米色和柔和的绿松石色，极简主义美学，四方连续），即可生成图6-28所示四方连续图案。

图 6-28 四方连续图案在服装上的应用示意 1

当提示词换为“Minimalist vector art of colorful shapes and brush strokes on a cream background, with simple shapes in a bohemia style. --tile”（奶油色背景上的多彩形状和笔触的极简主义矢量艺术，以及波西米亚风格的简单形状。四方连续）后可得不同风格四方连续图案（图6-29）。

图 6-29 四方连续图案在服装上的应用示意 2

通过实际案例的分析，我们可以看到AIGC技术在生成四方连续构图图案中的应用效果。服装设计领域外，在纺织品设计中，AIGC可以自动生成具有独特纹理和色彩变化的四方连续构图图案面料，使纺织品更加富有艺术感和时尚感。在室内装饰领域，AIGC可以生成具有统一风格和独特美感的四方连续构图图案壁纸或地毯，为室内空间增添艺术氛围和个性化特色。在平面设计中，AIGC可以自动生成符合品牌风格和设计理念的四方连续构图图案背景，提升设计的整体美感和视觉效果。

第四节　展示图案应用效果

AIGC平台生成的图案可以让图案在服装上呈现不同效果，如摆放位置、大小、构图方式等，增强图案应用的直观效果。

一、展示图案位置与尺寸

在服装设计中，图案的位置与尺寸不仅影响服装的整体美感，还直接关系到穿着者的舒适度和服装的实用性。因此，设计师在创作时，需要精心考虑图案在服装上的位置与尺寸，以确保最终的服装作品既美观又实用。运用AIGC平台，将图案放置在服装不同位置上进行展示，可以更为直观地看到图案应用的整体效果，从而提高设计师工作效率。

（一）图案位置

图案在服装上的位置决定了其视觉焦点和整体效果。设计师通常根据服装的款式、穿着者的身材以及图案本身的特性来选择最佳位置。

1. 中心位置

将图案放置在服装的中心，如胸口、背部或腰部，可以立即吸引目光，突出图案的重要性。这种策略常用于标志性的品牌标志或主题图案。

2. 侧面与边角

将图案置于服装的侧面或边角，可以为服装增添动感和流动性。这种策略常用于长款裙子或外套，增加视觉层次。

3. 不规则布局

通过打破常规，将图案以不规则的方式分布在服装上，可以创造出独特的视觉效果。这种策略常用于前卫和时尚的设计。

（二）图案尺寸

图案的尺寸不仅影响服装的外观，还与穿着者的舒适度息息相关。

1. 尺寸与身材

设计师需要根据穿着者的身材来调整图案的尺寸。例如，对于身材较瘦的人，可以选择较大的图案来增添视觉上的丰满感；而对于身材较胖的人，则可以选择较小的图案来避免显得过于臃肿。

2. 尺寸与款式

不同的服装款式适合不同尺寸的图案。例如，紧身服装适合小巧精致的图案，而宽松服装则更适合大胆、夸张的图案。

3. 比例与平衡

图案的尺寸应与服装的整体比例相协调，避免过大或过小导致视觉上的不平衡。

如图6-30所示，左、右、下三图分别展示了同一图案在服装不同位置，不同尺寸大小下的实际应用效果。

图 6–30 AIGC 生成图案不同大小位置在服装上展示效果

二、展示图案构图方式

图案不同的构图方式将影响整体应用效果。通常情况下，图案应用时的构图方式有三种，一种是单独使用，一种是横向或者纵向重复使用，最后一种是平铺使用。

（一）单独构图展示

单独构图在服装设计上的应用是一种将视觉焦点集中于单一元素或区域的设计理念。这种构图方式能够突出图案本身的美感，为服装增添独特的魅力。这种方法强调了个别元素的独特性，通常用于创造服装中的亮点或突出特定的设计意图。

1. 定位设计

将图案放置在服装的关键位置，如胸前、背部中央、肩部或下摆等，使图案成为视觉的中心。例如，一件印有大型花卉图案的连衣裙，图案位于裙身正中，引人注目。

2. 图案大小与比例

选择与服装款式相适应的图案尺寸。大型图案适合用在宽松的衣服上，而小型图案则更适合剪裁合身的设计。图案的比例应与人体比例相协调，以达到最佳视觉效果。

3. 色彩运用

根据图案的颜色和风格来调整服装的整体色调。可以选择与图案颜色相呼应的背景色，或者使用对比色来突出图案。色彩的运用能够增强图案的表现力和吸引力。

4. 功能性结合

考虑图案的放置与服装的功能性相结合。例如，将图案设计在口袋的翻盖上，或将其融入可调节的腰带中，既美观又实用。

如图6-31所示，在前身中央位置上单独展示了粉色赛马的印花图案，有效吸引观看者聚焦到服装上，突出展示了这件衣服的特色风格。

图6-31 单独图案在服装上展示效果

（二）单向复制构图展示

单向复制图案构图在服装上的展示是一种设计策略，它通过将同一图案沿一个方向重复排列，创造出一种连续的统一而富有节奏感的视觉效果。这种构图方式不仅强调了图案的秩序感，还在视觉上使服装看起来更有动感，同时也能够突出图案的方向性和流动性，为服装增添了独特的魅力和艺术感。

1. 单向复制图案构图的特点

单向复制图案构图的主要特点是图案元素的重复和排列。设计师会选择一个基础图案，然后按照特定的方向，如水平、垂直或斜向，将其在服装上重复排列。这种重复排列的方式使得图案元素在视觉上形成一种连续的、统一的视觉效果，给人一种秩序感和节奏感。

2. 图案元素的选择

在单向复制图案构图中，图案元素的选择至关重要。设计师需要选择具有吸引力和独特性的图案，如简单的几何形状、抽象的线条或具有象征意义的图案等。这些图案元素应该具有简洁明了的特点，以便在重复排列时不会显得过于复杂或混乱。

3. 排列方式与方向

图案元素的排列方式和方向也是单向复制图案构图中的重要因素。设计师可以根据服装的款式和图案的特点，选择水平、垂直或斜向的排列方式。水平排列可以给人一种平稳、宽广的感觉，垂直排列则能拉长身材比例，而斜向排列则能营造出一种动感和不稳定感。

图 6-32 单向复制构图在服装上展示效果

4. 色彩与材质的运用

在单向复制图案构图中，色彩和材质的运用同样重要。设计师需要选择合适的色彩搭配，以突出图案的视觉效果。同时，材质的选择也需要与图案和色彩相协调，以提升整体的质感和舒适度。

如图6-32所示，同一图案横向和纵向复制后在服装不同位置的展示效果可以看出，这种构图方式能够很直观地将图案的秩序感展现出来。

（三）平铺构图展示

平铺图案构图是一种将图案元素均匀、密集地分布在服装表面的设计手法，旨在创造出一种整体统一、细节丰富的视觉效果。这种构图方式使得图案元素在服装上形成一种无缝衔接、连绵不断的视觉效果，为服装增添了层次感和艺术感。

1. 平铺图案构图的特点

平铺图案构图的主要特点是图案元素的均匀分布和密集排列。设计师会选择一个基础图案，然后按照特定的规律或网格，将其在服装上均匀地铺设开来。这种铺设方式使得图案元素在视觉上形成一种连续的、整体的视觉效果，给人一种统一而丰富的感觉。

2. 图案元素的选择与设计

在平铺图案构图中，图案元素的选择与设计至关重要。设计师需要选择具有吸引力和独特性的图案，如几何图形、自然纹理或抽象图案等。这些图案元素应该具有简洁明了的特点，以便在密集

图 6-33 平铺构图图案在服装上展示效果 1

排列时不会显得过于复杂或混乱。设计师还需要考虑图案元素的大小、形状和比例等因素。通过巧妙地调整这些元素，设计师可以创造出丰富多样的视觉效果，如渐变、重复、对称等。

3. 色彩的选择与搭配

在平铺图案构图中，色彩的选择和搭配至关重要。设计师可以使用单一色调来创造简约风格，或者运用多种颜色来增加设计的丰富性和吸引力。

如图6-33所示，平铺构图增强了奔跑中的粉色马图案带来的动感，视觉冲击力更强。

除此之外，颜色、形态变化的线条同样非常适合作为平铺图案应用于服装上，通过大面积的使用给服装带来视觉冲击力（图6-34）。

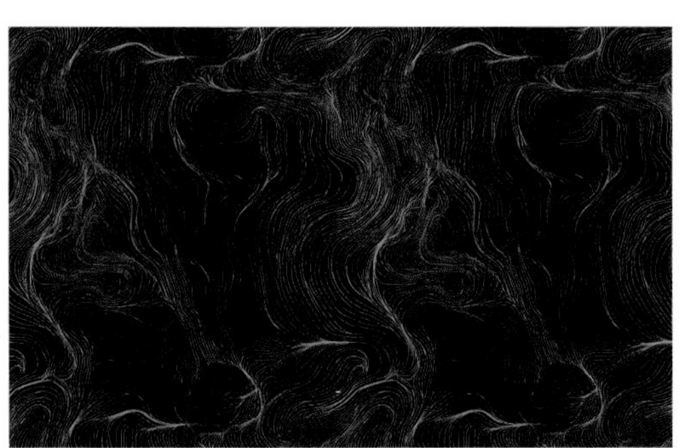

图 6-34 平铺构图图案在服装上展示效果 2

第七章
AIGC 在服装配饰设计中的应用

第一节 基本概念

一、虚拟配饰的定义和范畴

虚拟配饰指的是利用软件和AIGC技术创建的，可以在数字或虚拟环境中使用的饰品和装饰物。它们可以是现实中存在的物品的数字化版本，也可以是完全源于想象的创新设计，这些配饰能够在虚拟试穿、游戏、增强现实（AR）和虚拟现实（VR）等环境中使用。

在当代服装设计领域，虚拟配饰正迅速成为不可或缺的一部分。随着数字化时代的到来，生成式人工智能为设计师们提供了一个全新的工具，以更加创新和高效的方式进行设计。

二、虚拟配饰在服装设计中的重要性

虚拟配饰在现代服装设计中的重要性不容忽视。它们不仅为设计师提供了新的表达手段，也为消费者带来了全新的购物体验，并为整个时尚产业指明了一条可持续发展的道路。随着技术的进步，预计虚拟配饰将继续在时尚设计中扮演关键角色，推动行业创新和增长。虚拟配饰在服装设计中的重要性主要体现在以下方面：

1. 推动创新边界

虚拟配饰让设计师能够摆脱物理制作的限制，创造出实际中无法制作或成本过高的设计。这种自由使得创新和实验成为可能，为设计师提供了无限的创意空间。

2. 促进可持续发展

由于虚拟配饰无需物理生产，它们对环境的影响极小，这为推动时尚业的可持续发展提供了新的途径。虚拟配饰减少了对原材料的需求和生产过程中的碳排放。

3. 增强用户体验

随着消费者越来越多地寻求在线购物体验，虚拟配饰提供了一种全新的互动方式。客户可以在虚拟环境中试戴配饰，这种体验既有趣又方便，也可以作为实体购买的前置步骤。

4. 加速从设计到市场的流程

虚拟配饰可以迅速从概念转变为市场上的产品。设计师可以利用3D模型和渲染技术快速展示新设计，无需等待样品制作和摄影拍摄，这极大缩短了产品上市的时间。

5. 拓宽时尚表达

虚拟配饰为表达个性和风格提供了新的平台。不受物理限制，设计师和消费者可以探索更加大胆和前卫的设计，这在传统的时尚界是难以实现的。

6. 支持数字化转型

随着时尚产业的数字化转型，虚拟配饰为品牌提供了转型的机遇。它们可以作为进入数字时尚领域的跳板，吸引技术驱动的消费者群体。

7. 教育和培训工具

虚拟配饰也是教育和培训的有力工具。它们允许设计学生和新设计师在没有高昂成本的情况下练习和展示他们的技能。

三、生成式人工智能在配饰设计中的应用领域

生成式人工智能在配饰设计中的应用正在迅速扩展，涵盖了从创意激发、设计生成到最终产品展示的多个领域。

1. 创意激发与设计草图

AIGC可以基于现有的设计数据库和趋势分析，生成新的设计概念和灵感，帮助设计师突破创意瓶颈。通过输入简单的描述或参数，AIGC能够快速生成多样的配饰设计草图，提供初步的视觉概念供设计师选择和迭代。

2. 定制化与个性化设计

AIGC能够根据用户的偏好、历史选择或输入的描述，生成个性化的配饰设计方案，满足用户对独特性和个性化的需求。通过设定特定的设计参数（如形状、颜色、材质等），AIGC可以生成符合这些参数的配饰设计，实现高度定制化的产品设计。

3. 设计效率与自动化

AIGC可以自动执行配饰设计的某些重复性任务，如模式生成、色彩匹配等，提高设计流程的效率。另外，AIGC可以快速生成设计的多个变体，让设计师能够探索更广泛的设计空间，找到最佳的设计方案。

4. 3D模型与可视化

AIGC可以辅助设计师快速构建配饰的3D模型，特别是复杂的几何形状和结构，简化了3D建模的过程。通过AIGC生成的3D模型和增强现实技术，用户可以在虚拟环境中试戴配饰，提供更

加直观和互动的购物体验。

生成式人工智能在配饰设计中的应用是多方面的。它不仅改善了设计流程的各个阶段，从概念化到最终产品的展示，还提供了一种全新的创作和商业模式，将继续深刻影响配饰设计领域的未来。随着技术的不断进步，虚拟配饰在服装设计中的角色将越来越重要。未来可能会出现更多的虚拟试穿平台和市场，虚拟配饰可能会变得与实体配饰同样普及。虚拟配饰在服装设计中的重要性不仅体现在其创新和可持续性上，更在于它们如何重新定义设计师与消费者的互动方式，并为设计的呈现提供了无限可能。

四、不同类型的配饰

生成式人工智能为设计师提供了一个强大的工具，用以在虚拟世界中创造和模拟各种配饰。这些配饰可以是实际生活中常见的物品，也可以是完全源于想象的创意产品。

（一）首饰

首饰设计是配饰中最为精细和复杂的类别。使用AIGC，设计师可以实验不同的宝石切割、金属纹理和结构设计，而无需实际制造这些首饰。AIGC可以模拟光线和材质如何与设计相互作用，为设计师提供高度真实的视觉反馈（图7-1、图7-2）。首饰的种类繁多，可以根据不同的标准进行分类。以下是一些常见的首饰种类：

1. 按材质分类

（1）黄金首饰——Gold Jewelry。

（2）银饰——Silver Jewelry。

（3）铂金首饰——Platinum Jewelry。

（4）钻石首饰——Diamond Jewelry。

（5）宝石首饰（如红宝石、蓝宝石、翡翠等）——Gemstone Jewelry（Ruby, Sapphire, Jade）。

（6）珍珠首饰——Pearl Jewelry。

（7）水晶首饰——Crystal Jewelry。

（8）合金首饰——Alloy Jewelry。

（9）皮革首饰——Leather Jewelry。

（10）陶瓷首饰——Ceramic Jewelry。

（11）3D打印首饰——3D Printed Jewelry。

关键词

一位超模佩戴着未来感十足的透明头饰和垂坠耳环。头饰像雕塑一样环绕在她的头部，展现出流畅的曲线和透明材质，而耳环则结合了金属球体和复杂的结构，突出了科技与艺术的融合。她的妆容简洁干练，与整体造型完美契合，散发出一种平静与超然的气息。

A supermodel wearing a futuristic transparent headpiece and dangling earrings. The headpiece wraps around her head like a sculpture, featuring fluid curves and a transparent material, while the earrings combine metallic spheres with intricate structures, highlighting a fusion of technology and art. Her makeup is clean and sleek, perfectly complementing the overall look, exuding a sense of calmness and transcendence，detailed.

图7-1 未来感配饰设计1

图 7-2 未来感配饰设计 2

2. 按类型分类

（1）戒指 —— Rings。

（2）项链 —— Necklaces。

（3）手链/手镯 —— Bracelets/Bangles。

（4）耳环/耳钉 —— Earrings/Studs。

（5）发饰（如发夹、发圈等）—— Hair Accessories（Hair Clips, Hair Bands）。

（6）胸针 —— Brooches。

（7）脚链 —— Anklets。

（8）领带夹 —— Tie Clips。

（9）腰链 —— Waist Chains。

（10）胸花 —— Boutonnières。

（11）钥匙链 —— Keychains。

3. 按风格分类

（1）传统/古典首饰 —— Traditional/Classic Jewelry。

（2）现代/时尚首饰 —— Modern/Fashion Jewelry。

（3）民族/地域风格首饰 —— Ethnic/Regional Style Jewelry。

（4）艺术/设计师首饰 —— Artistic/Designer Jewelry。

（5）个性化/定制首饰 —— Personalized/Custom Jewelry。

（6）主题/概念首饰（如婚礼首饰、节日主题首饰等）—— Thematic/Conceptual Jewelry（Wedding Jewelry, Holiday-themed Jewelry）。

4. 按使用场合分类

（1）日常佩戴首饰 —— Everyday Wear Jewelry。

（2）礼服/晚宴首饰 —— Formal/Evening Wear Jewelry。

（3）婚礼/订婚首饰 —— Wedding/Engagement Jewelry。

（4）职场首饰 —— Professional Wear Jewelry。

（5）运动/休闲首饰 —— Sporty/Casual Jewelry。

（6）舞台/表演首饰 —— Stage/Performance Jewelry。

5. 特殊首饰

（1）智能首饰（如智能手环、智能戒指等）—— Smart Jewelry（Smart Bracelets, Smart Rings）。

（2）保健首饰（如磁疗首饰、健康能量首饰等）—— Health Jewelry（Magnetic Therapy Jewelry, Energy Jewelry）。

（3）宗教/信仰首饰（如十字架项链、佛珠手链等）—— Religious/Faith Jewelry（Cross Necklaces, Prayer Bead Bracelets）这些分类中还可以有更多的细分，不同文化和地区可能还有其特有的首饰种类。

（二）包袋

包袋设计涉及形状、大小、材料和功能性的多方面考量。AIGC技术使得设计师能够在虚拟环境中快速原型化和测试这些要素（图7-3）。此外，通过使用机器学习，可以预测消费者趋势，并生成符合当前市场需求的包袋设计。包袋的种类繁多，可以根据用途、形状、款式等不同标准来分类。

关键词

一个未来感十足的手袋采用流线型多面体结构，宛如一件雕塑艺术品，具有动感和现代吸引力。表面结合了哑光与光滑的质感，营造出丰富的视觉深度。渐变的配色方案从深黑色过渡到明亮的荧光蓝或霓虹紫，边缘嵌入的LED灯带在夜间散发柔和的光芒，增添了一种神秘感。它完美地融合了科技与艺术。

A futuristic handbag features a streamlined polyhedral structure, resembling a sculptural artwork with dynamic and modern appeal. The surface combines matte and glossy finishes, creating rich visual depth. The gradient color scheme transitions from deep black to bright fluorescent blue or neon purple, while embedded LED light strips along the edges emit a soft glow at night, adding an air of mystery. It represents a perfect fusion of technology and art.

图 7-3 科技感手袋设计

1. 按包袋种类分类

（1）手提包（Handbag）—— 一种中等大小的包，通常用于日常携带个人物品。

（2）肩背包（Shoulder Bag）—— 有肩带，可以挂在肩上的包。

（3）斜挎包（Crossbody Bag）—— 有一个长带子，可以斜挎在身体上。

（4）手拿包（Clutch Bag）—— 一个小型的包，没有手柄或肩带，通常用于正式场合。

（5）钱包（Wallet）—— 用来放钱和信用卡的小包。

（6）背包（Backpack）—— 双肩背包，适合长时间携带重物。

（7）旅行包（Travel Bag）—— 用于旅行时携带衣物和其他物品的大包。

（8）电脑包（Laptop Bag）—— 设计用来保护和携带笔记本电脑的包。

（9）托特包（Tote Bag）—— 一个大型无盖手提包，通常有两个手柄。

（10）信封包（Envelope Bag）—— 形状类似信封，通常用作晚宴包。

（11）腰包（Fanny Pack/Waist Bag）—— 围绕腰部的小包，也称为腰包或腰袋。

（12）购物袋（Shopping Bag）—— 用于购物时携带商品的大型袋子，通常是可重复使用的。

（13）化妆包（Cosmetic Bag）—— 用来存放化妆品和美容工具的小包。

（14）手工包（Artisan Bag）—— 手工制作的包，常常带有传统工艺或民族风格的特色。

（15）行李箱（Suitcase）—— 带有把手和轮子，用于旅行携带大量物品的硬壳或软壳箱子。

每种包被设计来满足不同的需求和场合，样式和材质也各不相同。包袋可以由多种不同的材质制成，每种材质都有其独特的特性和美感。选择不同的材质可以赋予包袋不同的外观、手感和功能特性。设计师根据包袋的用途和风格来选择合适的材料。

2. 按包袋材质分类

（1）真皮（Genuine Leather）—— 从动物皮革制成，耐用且高档。

（2）PU皮（PU Leather）—— 也称为合成皮革，是一种人造材料，模拟真皮质感。

（3）帆布（Canvas）—— 一种坚固的重型布料，常用于休闲或工作包。

（4）尼龙（Nylon）—— 一种轻便、耐水的合成材料。

（5）聚酯（Polyester）—— 一种常用的合成纤维，具有良好的耐用性。

（6）牛津布（Oxford）—— 一种织物，通常用于生产背包和其他耐用的包款。

（7）麂皮（Suede）—— 来自动物皮革的内层，有着独特的绒面质感。

（8）编织材料（Woven Material）—— 可以是自然纤维如棉或羊毛，也可以是合成纤维，用于制作有纹理的包。

（9）丝绸（Silk）—— 一种高档且光滑的天然纤维，通常用于制作晚宴包。

（10）麻布（Linen）—— 一种由亚麻纤维制成的天然材料，耐用且环保。

（11）PVC（PVC）—— 一种塑料材质，用于制作透明包或防水包。

（12）碳纤维（Carbon Fiber）—— 一种轻质且强度高的材料，常用于高端或运动相关的产品。

（13）绒布（Velvet）—— 一种柔软而有光泽的布料，常用于制作高档或复古风格的包。

（14）金属（Metal）—— 用于包包的装饰件或链条，如铜、铁或不锈钢。

（15）环保材料（Eco-friendly Material）—— 如再生塑料、有机棉等，强调可持续性和环境保护。

包袋由多个不同的部分组成，每个部分都有其专有的名词，这些部件共同构成了包袋的整体结构，并赋予包袋不同的功能和外观特性。

3. 按包袋部件分类

（1）主体（Body）—— 包的主要部分，整个包袋的结构。

（2）底部（Base）—— 包底，包袋的底部区域。

（3）侧面（Sides）—— 包的侧边部分。

（4）顶部（Top）—— 包顶，包袋的顶端区域。

（5）开口（Opening）—— 包的入口，通常有拉链、按扣等封闭方式。

（6）拉链（Zipper）—— 用于开关包的拉链。

（7）扣子（Clasp）—— 包袋的扣锁，可以是磁扣、机械扣等。

（8）按扣（Snap）—— 一种快速的开合装置，通常用于包袋的小口袋或内部分隔。

（9）手柄（Handle）—— 手提包的手把部分。

（10）肩带（Shoulder Strap）—— 肩背或斜挎包的带子。

（11）链条（Chain Strap）—— 通常指金属或带有金属环节的肩带。

（12）内衬（Lining）—— 包内部的衬里材料。

（13）口袋（Pocket）—— 包内或包外用于存放小物品的部分。

（14）分隔（Divider）—— 包内部用来分隔空间的部分。

（15）底钉（Studs or Feet）—— 包底的小金属钉，用于保护底部免受磨损。

（16）标签（Tag）—— 包上的品牌或信息标签。

（17）装饰（Embellishment）—— 包上的装饰物，如褶皱、缝线、图案等。

包袋的风格多种多样，每个风格都有其独特的特点和审美价值，这些风格代表了包袋设计的广泛范围，满足不同的设计需求。

4. 按包袋风格分类

（1）经典风格（Classic Style）—— 传统设计，经久不衰，通常以简洁线条和优质材料为特征。

（2）时尚风格（Fashion Style）—— 跟随最新潮流的设计，常常是季节性的，特点是流行元素和大胆的色彩。

（3）复古风格（Vintage Style）—— 古董或旧时代的设计，具有历史感和经典美。

（4）休闲风格（Casual Style）—— 适合日常使用，设计轻松自在，强调舒适和功能性。

（5）商务风格（Business Style）—— 专为工作环境设计，强调结构和专业外观。

（6）豪华风格（Luxury Style）—— 使用高端材料，注重细节和手工艺，通常与高价位和名牌相关联。

（7）运动风格（Sporty Style）—— 功能性设计，以适应活跃的生活方式，常用轻便耐用材料。

（8）艺术风格（Artistic Style）—— 独特的设计，通常包含手工艺或艺术元素，强调个性和创意。

（9）民族风格（Ethnic Style）—— 反映特定文化的设计元素，如使用传统图案和手工技艺。

（10）环保风格（Eco-friendly Style）—— 使用可持续材料，注重环境影响和循环利用。

（11）摩登风格（Mod Style）—— 20世纪60年代的流行风格，特点是鲜艳的色彩和几何图案。

（12）朋克风格（Punk Style）—— 反叛和非主流的风格，常用金属件和黑色皮革。

（13）波西米亚风格（Bohemian Style）—— 非传统生活方式的反映，常见松散、有层次的设计和自然材料。

（14）极简风格（Minimalist Style）—— 极简主义风格，以简约的设计和最小的装饰为特点。

（三）鞋履

鞋履在配饰设计中占据了独特的地位，因为它们必须结合舒适性和美观性。AIGC可以生成各种样式和形状的鞋履设计，并能在不同的虚拟场景中进行测试，例如模拟穿着者行走时的鞋履外观和功能。

1.鞋履种类分类

（1）运动鞋（Sneakers）—— 用于运动或日常休闲穿着的舒适鞋。

（2）皮鞋（Leather Shoes）—— 通常用于正式场合，由皮革制成。

（3）高跟鞋（High Heels）—— 带有高跟的女式鞋，用于正式场合或时尚装扮时穿着。

（4）凉鞋（Sandals）—— 开放式的夏季鞋，适合炎热的天气。

（5）靴子（Boots）—— 覆盖脚踝以上的鞋，适合冷天或特殊工作环境。

（6）帆布鞋（Canvas Shoes）—— 通常由帆布材料制成，休闲轻便。

（7）拖鞋（Slippers）—— 室内穿着的轻便鞋。

（8）乐福鞋（Loafers）—— 无带或扣的滑入式休闲鞋。

（9）穆勒鞋（Mules）—— 无鞋跟的滑入式鞋，鞋面可能部分或完全覆盖脚掌。

（10）球鞋（Athletic Shoes）—— 专为特定体育项目设计的鞋，例如篮球鞋、足球鞋等。

（11）步行鞋（Walking Shoes）—— 设计用于长时间步行，提供额外的支撑和舒适。

（12）舞鞋（Dance Shoes）—— 专为舞蹈而设计，如芭蕾鞋、探戈鞋等。

鞋履可以由多种材料制成，每种材料都有其独特的特性和用途，这些材料可以单独使用，也可以与其他材料组合使用，以制作各种风格和用途的鞋履。

2.按鞋履材质分类

（1）皮革（Leather）——一种耐用且经典的材料，常用于正式鞋和高品质休闲鞋。

（2）合成皮革（Synthetic Leather）—— 人造材料，模仿真皮的外观和感觉，通常更经济。

（3）帆布（Canvas）—— 一种轻便、耐用的棉质材料，常用于休闲鞋和运动鞋。

（4）橡胶（Rubber）—— 主要用于鞋底，提供抓地力和耐用性，也用于雨鞋和某些工作鞋。

（5）塑料（Plastic）—— 用于制作各种风格的鞋，特别是夏季鞋和一些时尚鞋。

（6）合成纤维（Synthetic Fibers）—— 如尼龙（Nylon）和聚酯（Polyester），用于运动鞋和其他轻便鞋。

（7）羊毛（Wool）—— 用于某些冬季鞋和拖鞋，提供保暖和舒适。

（8）编织材料（Woven Materials）—— 如麻或其他天然纤维，用于夏季鞋和休闲鞋。

（9）人造麂皮（Suede）—— 一种处理过的皮革，具有柔软的表面，常用于时尚和休闲鞋。

（10）透气网布（Breathable Mesh）—— 特别用于运动鞋，以提供良好的透气性和轻便感。

鞋履由多个部件组成，在鞋履设计中，每个部位都有其独特的功能和美学价值，可以成为设计师表达创意和创新思路的关键点。通过对这些部位的深思熟虑和创新设计，设计师可以创造出既实用又美观的鞋履，满足不同用户的需求和审美偏好（图7-4、图7-5）。每个部位的设计都可以反映设计师的创意思路，结合起来则形成一个和谐且独特的整体（图7-6）。

3. 按鞋履主要部位分类

（1）鞋面（Upper）。

材料与纹理：选择不同的材料（如皮革、织物、合成材料）和纹理，可以创造出不同的视觉

图 7-4 不同材质、结构鞋子设计 1，作者：江永琪

图 7-5 不同材质、结构鞋子设计 2，作者：江永琪

关键词

一款未来感十足的机械高跟鞋，其设计充满科幻元素，呈现出锐利的几何形状和分层结构，仿佛由机械组件组装而成。鞋跟采用类似脚手架的造型，增强了整体的未来感和工业美学。精致的细节展现出精确的机械元素和流畅的流线型结构，仿佛源自科幻电影中的高科技设备。这款设计不仅突破了传统时尚的界限，还展现了科技与时尚的深度融合。

A futuristic mechanical high-heeled shoe. Its design is filled with sci-fi elements, featuring sharp geometric shapes and layered structures, resembling assembled mechanical components. The heel takes on a scaffold-like form, enhancing the overall sense of futurism and industrial aesthetics. The intricate details reveal precise mechanical elements and sleek, streamlined structures, as if drawn from high-tech equipment in a sci-fi movie. This design not only breaks the boundaries of traditional fashion but also showcases a profound fusion of technology and fashion, detailed.

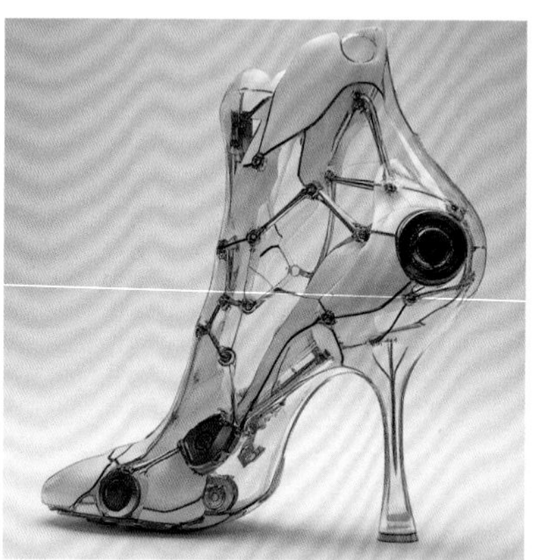
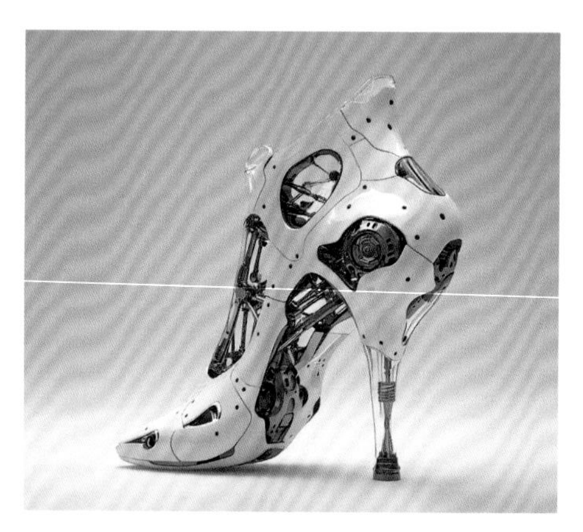

图 7-6 未来机械元素高跟鞋设计

效果和触感体验。

颜色与图案：通过颜色的搭配和图案的应用，可以赋予鞋履独特的风格和个性。

结构与剪裁：鞋面的结构设计和剪裁方式不仅影响鞋履的外观，也影响穿着的舒适度和功能性。

（2）鞋带（Laces）。

鞋带设计：鞋带的颜色、材质、宽度和编织方式都可以成为设计的亮点，增加鞋履的独特性和识别度。

鞋带系统：创新的鞋带绑定系统（如快速系带、无鞋带设计）不仅提供便利的穿着体验，也是设计创新的一部分。

（3）鞋舌（Tongue）。

舒适与功能：鞋舌的设计可以提高穿着舒适度，减少鞋带对脚背的压迫。

标识与装饰：鞋舌常常被用来放置品牌标识，也可以通过图案、刺绣或其他装饰元素来增添美感。

（4）鞋垫（Insole）。

舒适度：鞋垫的材料和结构设计对于提高鞋履的舒适度至关重要。

功能性设计：特定功能的鞋垫设计（如运动鞋中的吸震垫、支撑垫）可以提升鞋履的性能。

（5）鞋底（Outsole）。

耐用性与抓地力：鞋底的材质选择和纹理设计关系到鞋履的耐用性和抓地性能。

美学与功能的融合：鞋底的颜色、形状和设计细节可以增强鞋履的整体美感，同时满足特定的功能需求，如运动鞋的动力传递或户外鞋的防滑性。

（6）鞋跟（Heel）。

高度与形状：鞋跟的高度和形状不仅影响鞋履的舒适度和稳定性，也是传达风格和美学的重要元素。

装饰与创新：鞋跟可以通过独特的装饰（如镶嵌、雕刻）或创新设计（如透明材质、艺术形状）来彰显设计的独创性。

此外，还有许多其他类型的配饰，如帽子、眼镜、手套、腰带等，都可以通过AIGC生成。这些配饰可以根据不同的文化、历史时期或未来趋势进行设计。

第二节 虚拟配饰生成

一、AIGC配饰生成的方法

以Midjourney为例，通过特定的指令和参数生成配饰的一般方法通常包括以下几个步骤：

关键词

一位模特身穿白色连衣裙，在时装周的T台上展示金色项链、耳环和金色眼镜配饰，背景为白色，中景拍摄。

A model in white dress on the runway of Fashion Week wore an gold necklaces, earrings and golden eyewear accessories, with a white background. Medium long shot, detailed.--ar 2:3--v 6.0.

第一步：明确创作指令。用户需要给出明确的文本描述（图7-7），描述可能包括配饰的类型（如项链、手镯、戒指）、风格（如现代、复古、未来主义）、材料（如金、银、钻石）和任何特定的设计元素（如几何形状、花卉元素）。

图7-7 基础指令

关键词

一位模特身穿白色连衣裙，在时装周的T台上展示了一套金色复古未来主义风格的几何造型项链、耳环和金色夸张眼镜配饰，结合未来感3D打印机械与超现实主义设计风格，由埃尔莎·夏帕瑞丽和约翰·加利亚诺设计，背景为白色，中景拍摄。

A model in white dress on the runway of Fashion Week wore an gold retro futurism style geometric modeling necklaces, earrings and golden exaggerated eyewear accessories, future 3D printing mechanical with surrealistic design style, designed by Elsa Schiaparelli and John Galliano, with a white background. medium long shot, detailed. --ar 2:3--v 6.0.

第二步：用户可能会引用一位或几位著名设计师的风格，或者结合几种不同的艺术流派来创造独特的配饰设计（图7-8、图7-9）。

图7-8 添加设计师风格艺术流派风格等1

图 7-9 添加设计师风格艺术流派风格等 2

第三步：迭代优化。生成的配饰可能需要经过几轮迭代，通过选取较为满意的设计垫图获得较为稳定的款式（图7-10），并生成更多的方案，每一轮都可以根据前一次的结果调整描述或参数来细化最终设计（图7-11）。

第四步：精细调整。在生成了一系列设计之后，用户可以选择一个他们喜欢的设计进行进一步的精细调整，利用局部重绘功能Vary（Region），在原有图的基础上对局部元素进行修改，如调整色彩或添加特定的细节（图7-12）。

图 7-10 选取较为满意的设计垫图

图 7-11 输入更为详细的指令

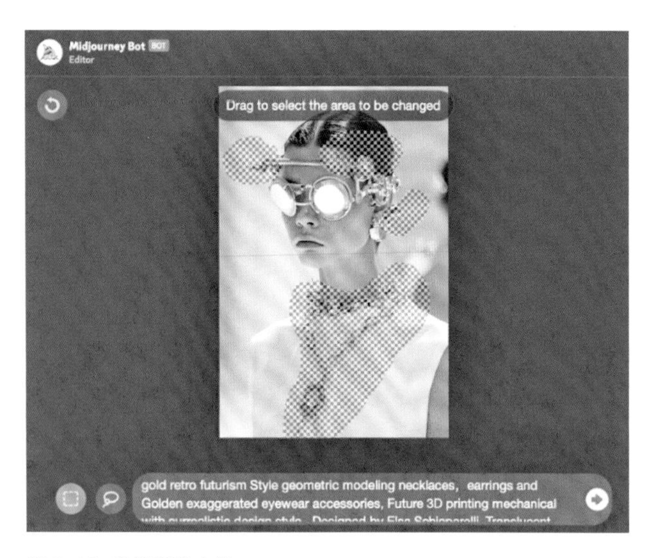

图 7-12 重绘界面功能

除以上步骤外，我们还可以使用重绘界面功能进行优化，如图7-12，直接输入希望更改的设计部分的描述，并迭代出满意的设计方案（图7-13、图7-14）。

关键词

金色复古未来主义风格的几何造型项链、耳环以及金色夸张的眼镜配饰，结合未来感的3D打印机械和超现实主义设计风格，由埃尔莎·夏帕瑞丽设计。

Gold retro futurism style geometric modeling necklaces, earrings and golden exaggerated eyewear accessories, future 3D printing mechanical with surrealistic design style, designed by Elsa Schiaparelli.

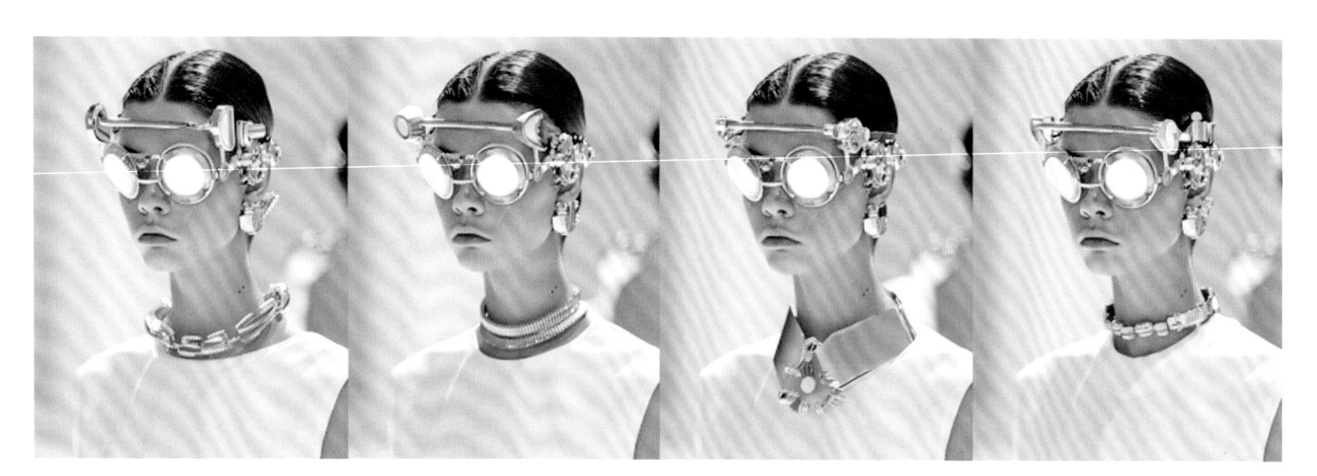

图 7-13 迭代出满意的设计方案

关键词

一位模特身穿极简主义风格的白色未来感连衣裙，材质呈现半透明质感，在时装周的T台上亮相。她佩戴了金色复古未来主义风格的几何造型项链、耳环和金色夸张眼镜配饰，设计融合了未来感3D打印机械与超现实主义风格，由埃尔莎·夏帕瑞丽设计。画面以模特正面为主视角，背景为纯白色，中景拍摄，细节丰富。

A model in white dress on the runway of Fashion Week wore an gold retro futurism style geometric modeling necklaces, earrings and golden exaggerated eyewear accessories, future 3D printing mechanical with surrealistic design style, designed by Elsa Schiaparelli, minimalist white futuristic dress, translucent texture, front view of the model, with a white background. medium long shot,detailed.

图 7-14 最终选定方案

二、虚拟配饰与服装整体风格的关系

在生成满意的服装效果后，可以使用局部重绘功能，在不改变服装设计的情况下为服装添加配饰。

虚拟配饰与服装的整体风格有着密切的关系，它们相互影响，共同构成一个完整的造型和风格表达。配饰需要与服装的风格相匹配，以创建一个和谐的整体外观。

（一）款式风格

配饰的款式风格应与服装相协调，例如极简主义的服装可能会搭配简约的配饰，而华丽的晚礼服可能需要更加繁复的珠宝来衬托（图7-15~图7-17）。

图 7-15 极简主义服装

图 7-16 虚拟配饰与服装款式风格的关系

图 7-17 重绘界面功能与设计描述

（二）色彩搭配

配饰的色彩选择应该与服装的配色方案相衔接，可以是相辅相成，也可以是对比鲜明。颜色的搭配可以影响整体造型的视觉效果和情感表达（图7-18~图7-22）。

图 7-18 紫色与橙色配色服装

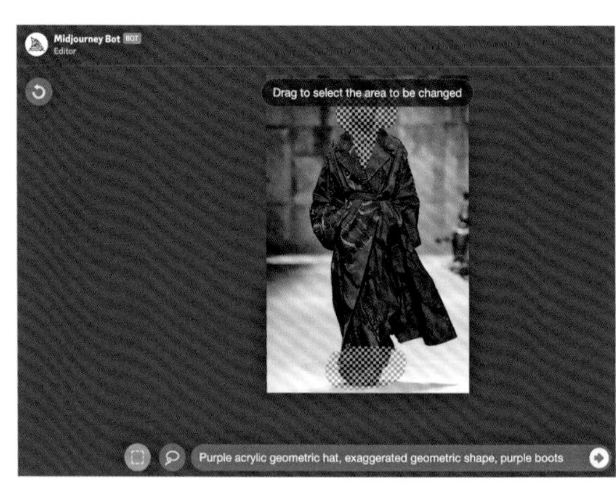

图 7-19 重绘界面功能与设计描述 1

图 7-20 虚拟配饰与服装色彩搭配的关系 1

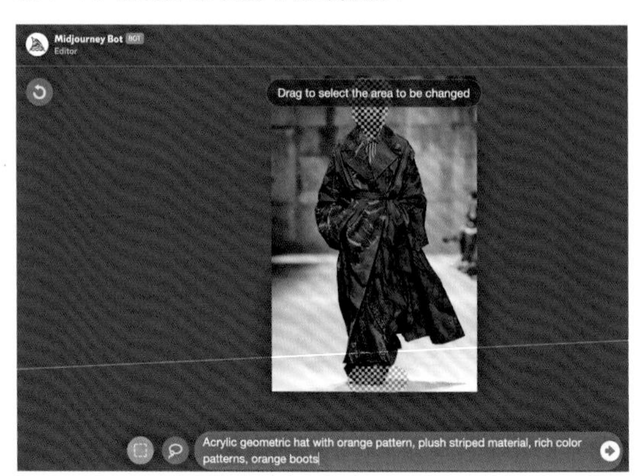

图 7-21 重绘界面功能与设计描述 2

图 7-22 虚拟配饰与服装色彩搭配的关系 2

（三）质地和材料

配饰的材质应当与服装的质地相得益彰。举例来说，厚重的毛呢服装更适合搭配皮质或金属质感的配饰，而轻盈的丝质衣服则更适合搭配细腻的珠链或水晶装饰（图7-23）。

图 7-23 虚拟配饰与不同质地和材料服装的关系

（四）形状和图案

配饰的形状和图案应当与服装上的图案或剪裁设计有所呼应。几何形状的配饰可能适合具有现代感的服装设计，而自然元素的图案则可能与波西米亚风格的服装更为搭配（图7-24）。

图 7-24 不同形状和图案的虚拟配饰之间的关系

在虚拟环境中，设计师可以无限制地创造和搭配，不受物理法则的限制。这使得设计师可以尝试更加大胆的设计方案，创造出只能在虚拟世界中实现的创新造型（图7-25）。

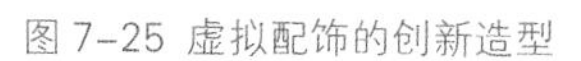

图 7-25 虚拟配饰的创新造型

三、虚拟配饰个人风格的构建

配饰是个性化和自我表达的重要手段，可以反映穿着者的个性和喜好，增加服装造型的个性特色。在AIGC配饰设计中，构建个人风格的重要性不容忽视。个人风格不仅体现了设计师的独特视角和创作哲学，还能在竞争激烈的市场中为作品赋予独特的标识，建立品牌的识别度。以下是构建个人风格在AIGC配饰设计中的几个关键方面。

（一）创意表达

个人风格是设计师创意表达的核心，它反映了设计师的审美偏好、生活经历和文化背景。通过AIGC工具，设计师能够将自己的创意理念和风格偏好融入配饰设计中，创造出具有个人特色的作品。

（二）品牌识别度

在配饰市场中，一个鲜明的个人风格有助于建立独特的品牌形象，使消费者能够轻松识别并记住品牌。这种识别度对于品牌的市场定位和消费者忠诚度建立至关重要。

（三）市场差异化

随着市场的饱和与竞争的加剧，拥有独特个人风格的配饰设计能够帮助产品在众多选项中脱颖而出，为目标消费者提供独特的选择，从而实现市场差异化。

（四）艺术价值与情感连接

个人风格不仅增加了配饰设计的艺术价值，还能与消费者产生情感上的共鸣。设计师通过自己的故事、情感和价值观来打造作品风格，使作品不仅仅是物质商品，更是情感和故事的载体。

（五）持续发展与创新

构建个人风格也是设计师持续发展和创新的基础。一旦建立了自己的风格，设计师就可以在此基础上探索和实验新的设计理念和技术，推动个人风格和技能的进化。

（六）与AIGC的互补作用

在AIGC配饰设计中，个人风格可以指导AIGC的创作方向，使生成的设计成果更贴近设计师的创意意图。同时，AIGC的强大计算和生成能力也为设计师提供了探索和实验个人风格的新途径。

个人风格在AIGC配饰设计中发挥着至关重要的作用，它不仅是设计师个人标识的体现，也是品牌建立和市场竞争中的关键要素。通过AIGC工具，设计师可以更高效地探索和表达自己的风格，创造出具有个性和影响力的配饰设计作品。

第三节 虚拟配饰设计流程

一、研究、灵感收集与概念开发

虚拟配饰设计是一个涉及创意、技术和未来趋势研究的领域，它不仅包含了传统配饰设计的元素，还融入了数字技术和虚拟现实的新颖概念。以下是进行虚拟配饰设计研究、灵感收集和概念开发的一些步骤和方法。

（一）研究与分析

1. 市场和趋势研究

分析当前的虚拟配饰市场，了解流行趋势、用户偏好以及竞争对手的设计。这可以包括虚拟世界、游戏、社交媒体平台和数字时尚平台中的配饰设计。

2. 技术探索

研究虚拟现实、增强现实、3D建模和动画等相关技术，了解它们如何被应用于虚拟配饰的设计和展示中。

3. 用户体验研究

了解目标用户群体的需求和期望，包括他们在虚拟环境中的行为方式、审美偏好和交互方式。

（二）灵感收集

1. 跨界灵感

从不同的领域和文化中寻找灵感，例如数字艺术、科幻电影、视频游戏、自然界的形态和结构，以及其他艺术和设计领域。

2. 社交媒体和网络平台

利用社交媒体和网络平台（如Pinterest，Instagram，Behance等）来收集有关虚拟配饰和数字时尚的灵感。

3. 技术创新

关注最新的数字技术和创新，例如虚拟现实头戴设备、3D打印技术和新型交互设备，这些都可能为虚拟配饰设计提供新的可能性。

（三）概念开发

1. 创意脑暴和草图

通过创意脑暴会议和快速草图，将收集到的灵感和想法转化为初步的设计概念。

2. 故事板和情景构建

创建故事板和虚拟情景来探索和展示虚拟配饰如何在特定的虚拟环境或情境中被使用和体验。

3. 技术和材料实验

尝试使用不同的软件和工具（如3D建模软件、虚拟现实开发平台）来实现设计概念，同时考虑虚拟材质和纹理的选择和创新。

虚拟配饰设计是一个不断发展的领域，它要求设计师不仅要有创意和审美能力，还需要掌握相关的技术知识和工具。通过不断的研究、灵感收集、概念开发和用户测试，设计师可以创造出既美观又具有交互性的虚拟配饰。

二、生成式设计工具的应用

生成式人工智能在虚拟配饰设计中的应用，为其开辟了一条创新的路径，能够极大地提高设计的效率，丰富创意的多样性。以下是AIGC在虚拟配饰设计中的一些应用和优势。

（一）应用

1. 自动化设计草稿

AIGC可以基于一组预定义的参数和风格指导，自动生成大量的设计草稿和概念。这为设计师提供了丰富的视觉素材和灵感来源，加速了初步设计阶段的探索过程。

2. 个性化和定制化设计

通过训练AI理解用户的偏好和需求，AIGC能够提供高度个性化的设计方案。用户可以通过简单的描述或选择特定的风格、颜色和元素，让AIGC生成符合其独特品味的虚拟配饰。

3. 风格迁移和创意融合

AIGC技术可以将不同的艺术风格和设计元素融合到虚拟配饰中，创造出独特的视觉效果。例如，将传统文化元素与现代设计风格结合，创造出具有跨文化特色的虚拟配饰。

4. 3D模型和动画生成

利用AIGC工具，设计师可以更快地构建复杂的3D模型和动画，用于展示虚拟配饰的细节和动态效果。这大大减少了手动建模和动画制作的时间和劳动强度。

（二）优势

1. 提高效率

AIGC可以自动化执行许多重复性和耗时的设计任务，从而让设计师有更多时间专注于创意和创新。

2. 增强创意

通过提供大量的设计变体和组合，AIGC鼓励设计师探索新的创意可能性，挑战传统设计的界限。

3. 降低门槛

对于非专业设计师或小型团队而言，AIGC工具可以降低设计复杂度和成本，使更多人能够参与到虚拟配饰设计中。

4. 实验性和探索性

AIGC提供的实验性和探索性功能，使设计师能够尝试不同的设计参数和算法，探索未知的设计空间。

（三）结合人类设计师的作用

尽管AIGC在虚拟配饰设计中提供了巨大的潜力，但人类设计师的直觉、经验和审美判断仍然不可或缺。最有效的方法是将AIGC作为一种工具和合作伙伴，与人类设计师一起工作，结合人类的创意直觉和AI的计算能力，共同创造出创新和个性化的虚拟配饰设计。

三、设计迭代与优化

人类设计师在AIGC虚拟配饰设计的迭代与优化过程中扮演着关键角色。虽然AIGC能够快速生成大量的设计概念和变体，但人类设计师的直觉、经验和创造力是不可替代的，特别是在以下几个方面。

（一）评估与选择方面

1. 审美判断

人类设计师能够从审美和风格的角度对AIGC生成的设计进行评估，选择那些最具吸引力和创新性的设计方案。

2. 实用性评估

设计师能够根据虚拟配饰的使用场景和功能需求，评估设计方案的实用性和用户体验，确保设计不仅外观上吸引人，而且在虚拟环境中也具有良好的互动性和实用性。

（二）迭代与细化方面

1. 细节优化

人类设计师可以对AIGC生成的设计进行细节上的调整和优化，如调整形状、颜色、纹理等，以提高设计的质量和吸引力。

2. 创意深化

设计师可以将AIGC生成的初步设计作为起点，进一步发展和深化创意，加入自己的独特见解和设计哲学，使设计更加丰富和个性化。

（三）用户反馈与适应性方面

1. 收集用户反馈

人类设计师可以组织用户测试，收集目标用户群体对虚拟配饰设计的反馈，了解其偏好和需求。

2. 根据反馈调整

根据用户的反馈，设计师可以调整和改进设计，确保最终的产品能够满足用户的期望和提供良好的使用体验。

（四）跨领域协作方面

1. 沟通和解释设计

设计师可以作为AIGC和其他团队成员（如市场、产品管理、技术开发团队）之间的桥梁，解释设计理念，确保设计决策与整体产品策略和品牌形象保持一致。

2. 整合多领域知识

设计师可以将艺术、文化、社会和技术等多领域的知识整合到设计中，提升虚拟配饰的文化价值和社会意义。

人类设计师与AIGC的合作是一个互补和协同的过程。通过结合人类的创意直觉和审美判断与AIGC的高效率和大数据处理能力，可以更加高效地进行虚拟配饰设计的迭代与优化，创造出既创新又符合用户需求的虚拟配饰产品。

四、最终设计呈现与应用案例

AIGC生成的虚拟配饰在最终呈现和应用方面具有广泛的可能性，这些可能性不仅限于虚拟世界的装扮，还扩展到了数字身份的表达、线上社交互动以及实体与虚拟世界的融合等多个领域。

1. 数字时尚与艺术

AIGC生成的虚拟配饰可以在数字时装秀中展出，展示未来时尚的可能性，吸引时尚爱好者和设计师的关注。艺术家和设计师可以将虚拟配饰作为数字艺术作品的一部分，探索数字时代下的艺术表达和创作概念。

2. 虚拟世界与游戏

在虚拟世界和在线游戏中，用户可以使用AIGC生成的配饰来定制他们的虚拟角色或化身，提供独特的个性化外观。虚拟配饰可以作为社交互动的媒介，用户通过展示不同的配饰来表达自己的身份、状态或情感，增加在线社交的趣味性和深度。

3. 增强现实与混合现实

通过增强现实技术，用户可以在真实世界的背景下“试戴”虚拟配饰，这种体验可以应用于在线购物、社交媒体或娱乐应用中。在混合现实环境中，虚拟配饰可以与用户的实体动作和互动相结合，创造出沉浸式的体验和表演。

4. 数字收藏与NFT数字收藏品

将AIGC生成的独特虚拟配饰作为数字收藏品，通过区块链技术以非同质化代币（NFT）的形式发行和交易，为用户提供独一无二的数字资产。NFT虚拟配饰可以跨越不同的虚拟平台和游戏，为用户提供跨界的身份标识和价值展示。

5. 教育与培训

在教育和培训场景中，虚拟配饰可以用于创建逼真的虚拟角色和环境，增强学习和模拟训练的沉浸感。

AIGC在虚拟配饰设计中的应用，为数字创意产业带来了新的可能性和挑战。随着技术的进步和用户接受度的提高，虚拟配饰的呈现和应用将继续扩展，深化人们对于数字身份和虚拟表达的理解和体验。如以下两个以设计以未来中式风格为核心，融合传统与现代，以龙这一经典的中国文化象征为主题的设计，将深厚的文化内涵与国际化审美相结合，呈现出具有前瞻性的当代设计表达。

图7-26、图7-27的设计灵感源自中国传统水墨艺术，整体配色采用黑白为主调，象征天地阴阳的平衡之美，同时点缀一抹正红，代表华夏民族的血脉与生生不息的精神。龙作为中华文化的图腾，是力量、权威、智慧和守护的象征。在设计中，龙的元素贯穿于服饰的细节之中，既展现传统的文化韵味，又融入现代设计的创新手法。作品通过AIGC人工智能辅助设计，采用Blender建模、3D打印等现代工艺，将传统的龙元素以新的表现手法赋予时尚感和未来感。

图 7–26 水墨风与龙元素结合的服装设计 1

图 7–27 水墨风与龙元素结合的服装设计 2

第八章
AIGC在服装模特设计中的应用

设计师可以通过在服装设计中的模特表现上应用生成式人工智能技术，以此来更准确地设定展示服装的模特与其所在的场景，从而帮助消费者更好地了解服装的穿着使用效果，最后进行消费选择。本章将就AIGC在服装设计中模特表现应用方式即模特形象生成、模特姿势生成、时尚秀场场景生成等步骤进行介绍，并展示应用效果。

第一节 基本概念

生成式人工智能技术可以辅助设计师生成符合特定标准和审美的逼真的虚拟模特。这些模特可以精确地反映出不同人群的体型特征和风格需求，并根据设计师的要求定向调整体型、面部特征、妆容、毛发等，以便更好地诠释服装设计。

一、虚拟模特体型生成

在目前常用AIGC平台中，Stable Diffusion基于其精确的控制手段，在虚拟模特生成应用中有着独特优势。以下内容将呈现出以Stable Diffusion女性形象大数据模型（Checkpoint）“majicmix7.safetensors”和男性形象大数据模型“majicmix_alphav2.safetensors”为数据大模型生成的模特效果。

（一）体型的定义与分类

虚拟模特的体型，简而言之，是指其身体形态和结构。这包括了身高、体重、身体比例、肌肉分布、脂肪含量等多个方面。不同年龄、性别和身材比例等都会在体型上呈现不同效果，影响服装穿着呈现。在Stable Diffusion平台，通过控制大数据模型和辅助模型（LoRA），虚拟模特的体型可以根据分类方式进行匹配设置。

1. 按体型比例分类

可生成标准体型、瘦削体型、健硕体型、丰满体型等。这种分类方式主要依据身体各部分的比例和尺寸，如腰围与臀围的比例、肩宽与臀宽的比例等。在模型库网站中有类似于“肌肉控制器”的辅助模型，这类模型使用方式通常是通过控制参数来控制肌肉量。

2. 按性别分类

可生成男性体型、女性体型。由于男性和女性形体特征差异较大，在AIGC平台通常男性和女性模型是分别训练的，所以在应用时我们也需要选取对应的模型进行应用，如果在女性模型中输入明确与男性相关的描述词，则会生成具有女性形体特征的男性面部模特，反之亦然。

3. 按年龄分类

可生成不同年龄段儿童体型、青少年体型、成人体型、老年体型等。需要时在模型库网站可以下载如“儿童摄影（Kid's Photography）”等辅助模型进行生成辅助，通常应用方式是在提示词中加入明确指示文字如“8岁”之类的表述，即可生成该年龄模特。

（二）体型的生成步骤与效果

1. 体型比例分类生成步骤与效果

根据设计的不同需求，在AIGC平台上我们可以通过文字描述或辅助加以图片的方式生成不同体型的虚拟模特。常见的身体体型分类及其对应的英文描述有标准体型（Standard Body Type）；瘦削体型（Thin Body Type）；健硕体型（Athletic Body Type）；曲线体型（Curvy Body Type）；苹果型体型（Apple Body Type）；梨形体型（Pear Body Type）；倒三角体型（Inverted Triangle Body Type）；矩形体型（Rectangle Body Type）；沙漏形体型（Hourglass Body Type）；超重体型（Overweight Body Type）等。

使用不同体型描述词搭配“十八岁女性，全身，运动短裤”（18-year-old girl, Full Body, Sports Shorts）正向提示词（Prompt）和负向提示词（Negative Prompt）[1]“ng_deepnegative_v1_75t,

图8-1 常用体型生成效果对比展示

1 提示：在Stable Diffusion平台使用提示词时，越靠前的提示词被识别的权重越高，反之越靠后被识别的权重则越低。但是在实际使用中单独依靠提示词前后顺序控制权重效果不明显，因为默认的词语权重都是1，所以我们还可以通过在提示词外增加小括号“( )”的方式增加权重。小括号代表加了1.1倍的权重，例如(提示词) 加权重1*1.1=1.1倍，((提示词)) 加权重1*1.1*1.1=1.21倍，(((提示词)))加权重1*1.1*1.1*1.1=1.33倍。.

(badhandv4: 1.2), EasyNegative, (worst quality: 2)" 展示生成效果如图8-1所示，左边第一张为标准体型，第二张为瘦削体型，随后依次增壮。

2. 性别与年龄分类生成步骤与效果

除了体型的改变外，针对不同性别和不同年龄也可以在Stable Diffusion平台上生成基础体型模特。首先以生成女性模特为目标举例，具体操作需按以下步骤：

第一步：选择大数据模型（Checkpoint）："majicmix7.safetensors"。

第二步：输入正向提示词（Prompt）："(masterpiece, best quality: 1.2),detailed face,detailed eye, (pure white background: 1.3),A photographic style character turnaround of a beautiful Standard Body Type female,black shorts,white shirt," [（杰作，最佳质量：1.2），详细的面部，详细的眼睛，（纯白色背景：1.3），一张美丽标准体型女性的摄影风格人物全身照，黑色短裤，白色衬衫]。

第三步：输入负向提示词（Negative Prompt）："Fast NegativeV2, (bad-artist: 1), (worst quality, low quality: 1.4), (bad_prompt_version2: 0.8), bad-hands-5, lowres, bad anatomy, bad hands, (text), (watermark), error, missing fingers, extra digit, fewer digits, cropped, worst quality, low quality, normal quality, (username), blurry, (extra limbs), bad-artist-anime, badhandv4, EasyNegative, ng_deepnegative_v1_75t, verybadimagenegative_v1.3, Bad Dream, (three hands: 1.6), (three legs: 1.2), (more than two hands: 1.4), (more than two legs, : 1.2), label" [快速负面版本2，不好的艺术家，（最差质量，低质量），错误的提示版本2，手部绘制不良5，低分辨率，错误的解剖结构，手部绘制错误，文本内容，水印，错误，缺失的手指，多余的手指，手指数量少，裁剪过的图片，最差质量，低质量，正常质量，用户名，模糊，多余的肢体，绘制不良的动漫艺术家，错误的手部版本4，简单的负面，深度负面版本1（75t），非常差的图像负面版本1.3，噩梦，（三只手），（三条腿），（超过两只手），（超过两条腿），标签]。

第四步：完成其他设置，如图8-2。

第五步：点击生成图片。通过调试，生成图片8-3，基本符合基础体型模特需求。

图 8-2 AIGC 生成平台页面

图 8-3 基础体型模特生成效果展示

图 8-4 不同年龄男性不同体型模特生成效果对比展示

根据前文体型定义与分类，在AIGC平台上可以通过改变辅助模型控制生成更为精确的年龄与肌肉含量的模特。

为了与上文案例进行效果对比，我们首先生成男性性别模特。这一需求可以通过将上一案例的大数据模型更换为“majicmix_alphav2.safetensors”，并将正向提示词（Prompt）中的“female”（女性），改为“male”（男性）实现。

其次为了生成儿童形象，我们可以按以下步骤操作，获得图8-4左侧男童形象模特：

第一步：选择辅助模型（LoRA）“儿童摄影”与“年龄调节器”。

第二步：在正向提示词（Prompt）中增加“10 years old,（a boy：1.5）,”（10岁，一个男孩权重1.5）。

同理可得，选择辅助模型（LoRA）“年龄调节器”与“肌肉控制器”，在正向提示词（Prompt）中增加“70 years old,（muscle man：1.1）,”（70岁，肌肉男权重1.1）表示年龄、体型特征的描述词，即可获得图8-4右侧的肌肉老年人形象模特。

（三）多角度视图体型生成步骤与效果

在虚拟模特具体应用中，多角度视图虚拟模特是很多创作的基础展示方式。通过控制插件“姿态（OpenPose）”的使用，允许设计师生成指定的多角度视图——包括正面视图、侧面视图和背面视图——来全面展示模特的身体效果。这不仅为设计师提供了一个全方位的视觉参考，还为后续的设计工作带来了极大的便利。这里用到的姿态（OpenPose）指示图如图8-5所示，具体设置参数如图8-6所示。

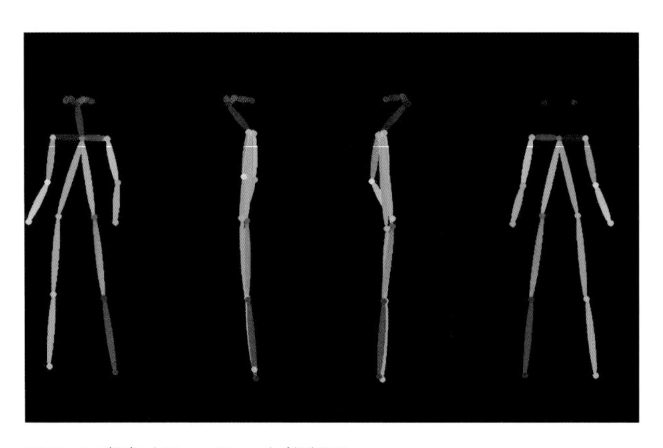

图 8-5 姿态（OpenPose）控制图

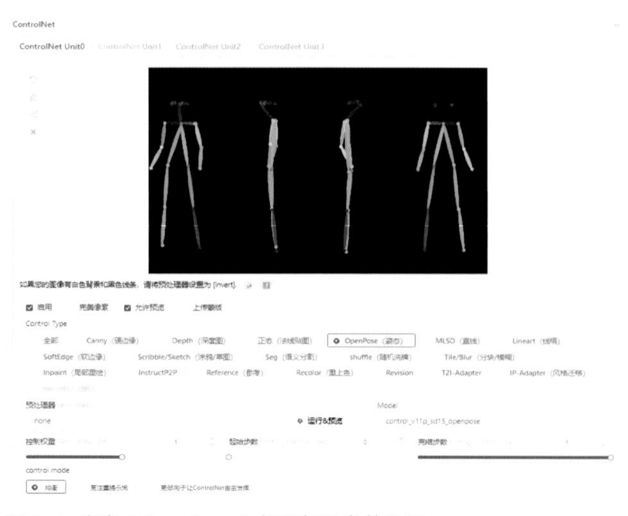

图 8-6 姿态（OpenPose）控制插件参数设置

具体操作内容如下：

第一步：选择大数据模型“majicmix_alphav2.safetensors”。

第二步：输入正向提示词（Prompt）：“（masterpiece, best quality：1.2）,detailed face,detailed eye,（white background：1.3）,A photographic style character turnaround of a beautiful male,black shorts,white shirt,Multiple views of the same character in the same outfit,multi-view,front view,side view,reference table,realistic style,charturnbetalora,”（杰作，最佳质量，权重1.2），详细的面部，详细的眼睛,（白色背景，权重1.3），一个帅气男性的摄影风格全身照，穿着黑色短裤和白色衬衫，同一人物同一装扮的多个视角，多角度视图，正面视图，侧面视图，参考表，写实风格，角色转身图。)。

第三步：输入负向提示词(Negative Prompt)：“deformed eyes, ((disfigured)), ((bad art)), ((deformed)), ((extra limbs)), (((duplicate))), ((morbid)), ((mutilated), out of frame, extra fingers, mutated hands, poorly drawn eyes, ((poorly drawn hands), ((poorlydrawn face)),((mutation))), ((ugly)), blurry,(bad anatomy)),(bad proportions))), cloned face,body out offrame, out of frame,bad anatomy, gross proportions, (malformed limbs), ((missing arms)),(missing legs), (((extra arms))), (((extra legs))), (fused fingers), (too many fingers), (((long neck))), tiling, poorly drawn,mutated, cross-eye,canvas frame, frame, cartoon, 3d, weird colors, blurry”(变形的眼睛，毁容，劣质艺术，畸形，多余的肢体，重复，病态，残损，超出画面，多余的手指，突变的手，绘制粗糙的眼睛，绘制粗糙的手，绘制粗糙的脸，突变，丑陋，模糊，错误的解剖结构，比例失调，克隆的面孔，身体超出画面，画面外，解剖结构错误，比例粗大，畸形的肢体，缺失的胳膊，缺失的腿，多余的胳膊，多余的腿，手指融合，手指过多，脖子过长，瓷砖效果，绘制粗糙，突变，对眼，画布框，框架，卡通，3D效果，怪异的颜色，模糊)。

第四步：点击生成图片，可生成如图8-7所示男性视觉形象多角度视图，将步骤一大数据模型替换成女性形象大模型“majicmix7.safetensors”正向提示词也更改为女性描述后，可生成图8-8女性视觉形象的多角度视图。

图8-7 多角度模特图（男）　　图8-8 多角度模特图（女）

二、虚拟模特面部生成

在虚拟模特的生成过程中，面部的细节和表情能够直接反映模特的情感和个性，对于服装的展示效果起到至关重要的作用。生成式人工智能可以通过插件精准控制生成模特的头部姿态与面部表情，也能通过指导图片生成与指定人物不同相似度值的模特形象。

（一）虚拟模特头部姿态与面部表情

在生成式人工智能应用平台Stable Diffusion上，通过控制插件ControlNet中的姿态（OpenPose）插件可以精准地控制人物头部姿态与面部表情。具体应用方式有两种：一种是将指定图片输入插件指定位置，生成与图片中人物同样的头部姿态与面部表情，这种方式比较直观；另一种方式是将做好的姿态面部指示图输入插件指定位置，这种方式比较适用于已有制作姿态图的情况。

输入指定参考图片生成对应头部姿态与面部表情的步骤与效果如下：

第一步：选择大数据模型（Checkpoint）："majicmix7.safetensors"。

第二步：输入正向提示词（Prompt）："round face 18-year-old girl,high Ponytail"。

第三步：输入负向提示词（Negative Prompt）："ng_deepnegative_v1_75t,（badhandv4：1.2）, EasyNegative,（worst quality：2）"。

第四步：选择采样方法："DPM++ 2M Karras"。

第五步：调整图片长宽比例：输入宽1024高1024。

第六步：启动ControlNet选择类型"姿态（OpenPose）"。

第七步：拖入指定参考图片，这里输入的参考图片为图8-9左侧图片。

第八步：选择预处理器"openpose_faceonly（姿态，仅脸部）"，模型选择"control_v11p_sd15_openpose"。

图8-9 Stable Diffusion平台操作页面

图 8-10 案例所用参考图与生成效果图

第九步：点击生成图片。

整体页面如图8-9所示，最后生成图片如图8-10右侧图所示，可以看到生成图片基本还原了参考图片模特的头部姿态和面部表情。

当需要对姿态（OpenPose）指导图片进行调整时，可以点开预览（图8-11），黑底白点图就是平台通过识别参考图生成的姿态图。点开编辑后页面如图8-12所示，在右侧操作页面可对姿态（OpenPose）图进行修改。在输入指定参考图片生成对应头部姿态与面部表情的步骤与效果如下：

第一步：选择预处理器“openpose_faceonly（姿态仅脸部）”，模型选择“control_v11p_sd15_openpose”中间的爆炸按钮预览生成姿态图（见图8-11）。

第二步：点击生成图右下角编辑按钮，弹出界面（见图8-12）。

第三步：手动挪动编辑界面右侧点和线，或者在编辑界面左侧输入对应五官肩膀位置数值，调整好后如图8-13所示，通过底图对比可以看出调整后的五官和肩部和原图有位置变化。

第四步：点击页面左上角发送到ControlNet的按钮后回到主页面。

第五步：点击生成图片。

最后生成图片如图8-14右侧图所示，与左侧姿态（OpenPose）图片对比可以看到生成图片基本还原了调整后的姿态（OpenPose）图片设定的模特的头肩部姿态和面部表情。

图 8-11 预览生成姿态（OpenPose）图界面

图 8-12 编辑姿态（OpenPose）界面

图 8-13 调整后的姿态（OpenPose）呈现效果

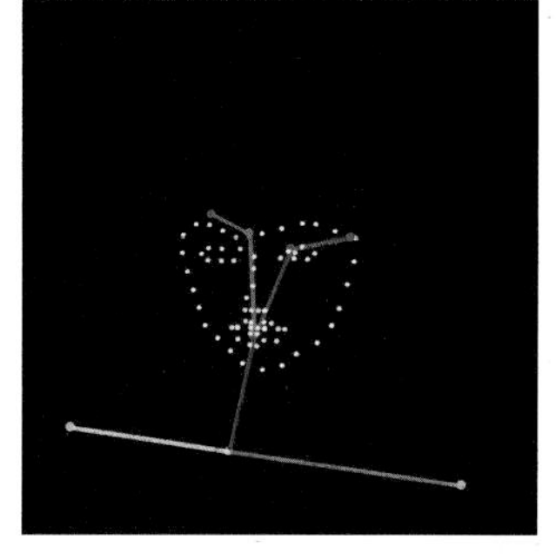

图 8-14 新的姿态（OpenPose）与生成图片对比

（二）虚拟模特脸部特征生成步骤与效果

模特脸部五官特征根据其所属人种和生活地区有一定区别，对于目标消费者是世界各地的设计师来说，AIGC平台可以在大模型辅助下通过不同方式生成符合指定地区人群的模特五官特征。通常情况下现阶段可以借助大数据模型与辅助模型，通过提示词生成根据地区定位的五官特征，这种方式取得的生成模特图片相对来说比较随机，可以在设计师没有具体模特需求指向性时使用。

通过AIGC平台生成指定地区模特五官特征的操作方法如下：

第一步：选择大数据模型（Checkpoint）："LEOSAM HelloWorld 新世界 | SDXL大模型"。

第二步：输入正向提示词（Prompt）："Chinese girl, high ponytail hairstyle, pure white background, looking at viewer"。

第三步：输入负向提示词（Negative Prompt）："ng_deepnegative_v1_75t,（badhandv4：1.2），EasyNegative,（worst quality：2）"。

第四步：选择采样方法："DPM++ 2M Karras"。

第五步：调整图片长宽比例：输入宽1024高1024（通常SDXL模型由于训练时使用的这个尺寸，生图时一般也会选择同一尺寸来保证效果准确性）。

第六步：启动ControlNet选择类型："姿态（OpenPose）"。

第七步：拖入指定参考图片，这里输入的参考图片为图8-15左上第一张图。

第八步：选择预处理器"openpose face（OpenPose 姿态及脸部）"，模型选择"kohya_controlllite_xl_openpose_anime_v2"。

第九步：点击生成图片。

该大模型支持通过在提示词中指定国籍、肤色等来进行人种定位改变人物种族形象功能，图8-15从左侧图2开始，分别是提示词"中国人（Chinese）""伊朗人（Iranian）""印度人（Indian）""肯尼亚人（Kenyan）""英国人（Britain）"对应生成的人物形象，从图片可以看出，不同国籍提示词生成模特形象鲜明，同一人种不同地区呈现细微差别，生成图片基本还原了提示词描述的人物形象。

图8-15 不同人种提示词生成图片对比

同时，该模型也支持提示词输入不同人种、性别、传统代表性人名等方式来获得对应种族形象，其中对人名要求要具有典型性，如输入中文名字“Wang Fang”、英国名字“Emily Johnson”等，但如输入肯尼亚名字“Wangari Mathai”等模型不够熟悉的国家或地区的人名时则不如直接输入国家更为直接有效。表8-1中列举了几大人种对应的代表性国家与其代表性男性和女性的姓名，供设计师使用。

表8-1 常用人种代表国家与对应典型男女英文姓名

序号	人　种 （中英文）	国　家 （中英文）	对应国家人 （中英文）	代表性男性姓名 （中英文）	代表性女性姓名 （中英文）
1	Caucasian （高加索人种/白人）	United States （美国）	American （美国人）	John Doe （约翰·多伊）	Jane Smith （简·史密斯）
2	Caucasian （高加索人种/白人）	Britain （英国）	British （英国人）	James Smith （詹姆斯·史密斯）	Emily Johnson （艾米莉·约翰逊）
3	Caucasian （高加索人种/白人）	Russia （俄罗斯）	Russian （俄罗斯人）	Alexander Ivanov （亚历山大·伊万诺夫）	Anna Petrova （安娜·彼得罗娃）
4	African （非洲人种/黑人）	Nigeria （尼日利亚）	Nigerian （尼日利亚人）	Chukwuemeka Okoye （丘库维梅卡·奥科耶）	Chimanda Adichie （奇玛曼达·阿迪契）
5	African （非洲人种/黑人）	Kenya （肯尼亚）	Kenyan （肯尼亚人）	Joseph Kimani （约瑟夫·基马尼）	Wangari Mathai （王加里·马泰）
6	Asian （亚洲人种/黄种人）	China （中国）	Chinese （中国人）	Wang Wei （王伟）	Wang Fang （王芳）
7	Asian （亚洲人种/黄种人）	Japan （日本）	Japanese （日本人）	Sato Shiro （佐藤白）	Sakura Yamamoto （山本樱）
8	Latin American （拉丁美洲人种）	Mexico （墨西哥）	Mexican （墨西哥人）	José González （何塞·冈萨雷斯）	María Sánchez （玛丽亚·桑切斯）
9	Indian （印度人种）	India （印度）	Indian （印度人）	Rajesh Kumar （拉杰什·库马尔）	Sunita Patel （苏尼塔·帕特尔）
10	Middle Eastern （中东人种）	Iran （伊朗）	Iranian （伊朗人）	Amir Reza Khan （阿米尔·雷扎·汗）	Fatima Azimi （法蒂玛·阿齐米）

（三）虚拟模特表情生成步骤与效果

表情是面部效果中最为生动和直观的部分。模特通过改变五官的位置、形状等可以生成不同的表情以表达微笑、严肃、惊讶、愤怒等情绪。设计师可以通过调整虚拟模特的表情，来传达出不同的情感和氛围，从而更好地展示服装的效果。

如果需要精准控制模特的表情，需要借助到Stable Diffusion平台ControlNet中姿态插件的openpose_faceonly控制器，这个控制器设计的目的是通过识别参考图五官位置等信息，确保精确控制生成五官位置，从而复制人物表情。

生成指定模特表情的操作方法如下：

第一步：选择大数据模型（Checkpoint）：“majicMIX realistic 麦橘写实_v7.safetensors”。

第二步：输入正向提示词（Prompt）：“Chinese girl, high ponytail hairstyle, looking at viewer”。

第三步：输入负向提示词（Negative Prompt）：“ng_deepnegative_v1_75t,（badhandv4：1.2），EasyNegative,（worst quality：2）”。

第四步：选择采样方法："DPM++ 2M Karras"。

第五步：调整图片长宽比例：宽768高1024（人像调整为3：4比例出图更为稳定）。

第六步：启动ControlNet选择类型："姿态（OpenPose）"。

第七步：拖入指定参考图片，这里输入的参考图片为图8-16左图（参考图为Midjourney平台生成，提示词为："Young female model smiles positively, high-quality 4k --ar 3：4"）。

第八步：选择预处理器"openpose_faceonly（OpenPose 仅脸部）"，模型选择"control_v11p_sd15_openpose"。

第九步：点击预处理器和模型之间的爆炸图标，生成参考表情图8-16右图，可预览效果。

第十步：点击生成图片。

从图8-17左图可以看出，生成图片基本还原了参考图片的模特表情，同理可得，当大数据模型切换为"majicMIX alpha 麦橘男团_v2.0.safetensors"时，同样参考表情不变情况下，更改提示词为男性后点击生成图片，可得同样表情男模特，效果如图8-17右图。

在使用过程中，有时候需要根据参考图将已有模特进行表情变化，这时候需要使用到Stable Diffusion平台ControlNet中IP-Adapter（风格迁移）插件的ip-adapter_face_id控制器，结合姿态（OpenPose）中的openpose_faceonly控制器能够对现有模特进行表情变化。

通过大模型更换生成指定模特表情的操作方法如下：

第一步：选择大数据模型（Checkpoint）："majicMIX realistic 麦橘写实_v7.safetensors"。

第二步：输入正向提示词（Prompt）："1girl, solo, smile, realistic, long hair, looking at viewer, mole, earrings, black hair, tank top, parted lips, jewelry, lips, collarbone, mole on cheek, brown eyes, brown hair, upper body, black eyes, freckles, mole on neck,"。

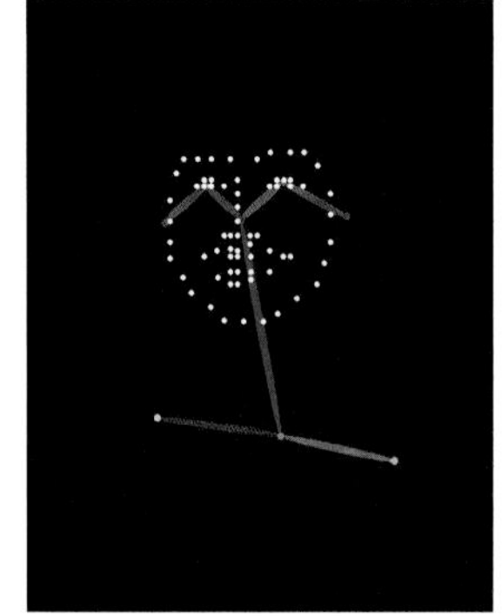

图8-16 表情参考图与对应姿态（OpenPose）

图8-17 控制表情下生成的女模特和男模特

第三步：输入负向提示词（Negative Prompt）："ng_deepnegative_v1_75t,（badhandv4：1.2）,EasyNegative,（worst quality：2）"。

第四步：选择采样方法："DPM++ 2M Karras"。

第五步：调整图片长宽比例：输入宽680高1024。

第六步：启动ControlNet，在ControlNet Unit0中加载图片8-18左侧图片，选择类型："IP-Adapter"。

第七步：预处理器选择"ip-adapter_face_id"，模型选择"ip-adapter-faceid_sd15"。

第八步：在ControlNet Unit1中加载图片8-18右侧图片，选择类型："姿态（OpenPose）"。

第九步：选择预处理器"openpose_faceonly（OpenPose 仅脸部）"，模型选择"control_v11p_sd15_openpose"。

第十步：点击生成图片。

图8-18 原有模特与参考表情

如图8-19所示，左侧和中间图为根据表情参考图生成的微笑表情，右侧图为更换表情参考图后生成的表情。从图中可以看出，新生成图片基本保持了原图片模特的五官特征，也很好地还原了表情参考图中的表情效果。

图8-19 新生成不同表情模特

表8-2与表8-3是常用面部脸型描述指令中英文对照与常用模特表情中英文对照，在生成指令时可以根据具体需求对提示词进行替换更改。

表8-2 常用面部脸型中英文对照

序号	指令	英文	序号	指令	英文
1	圆脸	Round Face	5	倒三角形脸	Triangle Face
2	鹅蛋脸	Oval Face	6	心形脸	Heart-shaped Face
3	长椭圆脸	Oblong Face	7	菱形脸	Diamond-shaped Face
4	国字脸	Square Face/Angular Face	8	长方形脸	Rectangle Face

表8-3 常用模特表情中英文对照

序号	中文	英文	序号	中文	英文
1	微笑	Smile	11	清纯	Innocent
2	严肃	Serious	12	梦幻	Dreamy
3	自信	Confident	13	讽刺	Sarcastic
4	俏皮	Playful	14	惊讶	Surprised
5	性感	Sexy	15	沉思	Thoughtful
6	优雅	Elegant	16	愉快	Amused
7	迷人	Glamorous	17	浪漫	Romantic
8	可爱	Cute	18	迷人	Charming
9	猛烈	Fierce	19	兴奋	Excited
10	神秘	Mysterious	200	冷静	Calm

三、虚拟模特妆容生成

在虚拟模特的呈现中，妆容效果不仅是美化模特外观的关键，也是传达设计师意图和展示服装风格的重要元素。除常用妆容，部分特殊妆容的使用，能够强调服装的某些元素，或是为整体展示增添特定的氛围和情感。

（一）常用妆容

常用妆容可根据使用场合与地域代表特征进行分类，如表8-4所示，列举了常用妆容与对应英文。基础妆容我们可以通过提示词来生成，在Midjourney平台和Stable Diffusion平台都能够达到需要效果。但是需要注意的是，在主流AIGC平台中Midjourney平台对妆容提示关键词反馈更为准确，Stable Diffusion平台限制于大模型数据，单纯通过妆容描述并不能够很好地完成指令要求。因此建议先通过Midjourney平台生成理想的妆容，然后通过Stable Diffusion平台对理想妆容模特进一步应用。

表8-4 常用妆容中英文对照

序号	妆容名称	英文名称	序号	妆容名称	英文名称
1	烟熏妆	Smokey Eyes	11	派对妆	Party Makeup
2	红唇妆	Red Lip Makeup	12	芭比妆	Barbie Makeup
3	裸　妆	Natural Look / Nude Makeup	13	日系妆	Japanese Style Makeup
4	雀斑妆	Freckles Makeup	14	韩系妆	Korean Style Makeup
5	晒伤妆	Sun-Kissed Look / Sunburn Makeup	15	欧美妆	Western / European Makeup
6	复古妆	Retro Makeup	16	舞台妆	Theatrical Makeup / Stage Makeup
7	猫眼妆	Cat Eye Makeup	17	新娘妆	Bridal Makeup
8	桃花妆	Peach Blossom Makeup	18	办公室妆	Office Makeup
9	水光妆	Dewy Look / Glass Skin Makeup	19	朋克妆	Punk Makeup
10	甜美妆	Sweet Makeup	20	哥特妆	Gothic Makeup

（二）妆容生成步骤与效果

如图8-20所示，左侧图片为输入提示词“Young female model with freckles makeup, high-quality,4k --ar 3：4 ”（带着雀斑妆的年轻女性模特）后，用Midjourney平台生成的模特形象，可以看出基本能够体现出提示关键词中的核心妆容词汇“雀斑妆”的效果。图8-20右侧图片为用Stable Diffusion平台进一步应用处理的效果，可以看到对雀斑妆的面部妆容特征还是能够保留的。

在Stable Diffusion平台具体步骤如下：

第一步：选择大数据模型（Checkpoint）：“majicMIX realistic 麦橘写实_v7.safetensors”。

第二步：输入正向提示词（Prompt）：“Young female model with freckles makeup, high-quality, 4k”。

第三步：输入负向提示词（Negative Prompt）：“ng_deepnegative_v1_75t,（badhandv4：1.2），EasyNegative,（worst quality：2）”。

第四步：选择采样方法：“DPM++ 2M Karras”。

第五步：启动ControlNet，在ControlNet Unit0中加载图片8-20左侧图片，选择类型：“IP-Adapter”。

第六步：预处理器选择“ip-adapter_face_id”，模型选择“ip-adapter-faceid_sd15”。

第七步：如需生成图片比例与参考图一致，可在ControlNet图片下方文字末点击蓝色向上箭头，生成图片比例会自动匹配参考图。

第八步：在ControlNet Unit1中加载图片8-18右侧图片，选择类型：“姿态（OpenPose）”。

第九步：选择预处理器“openpose_faceonly（OpenPose 仅脸部）”，模型选择“control_v11p_sd15_openpose”。

第十步：点击生成图片。

图 8-20 不同平台模特妆容生成效果——雀斑妆

四、虚拟模特毛发生成

模特的发型对于整体形象来说影响很大，可以直接决定模特风格。技术上来说在虚拟模特的毛发生成需求上，目前AIGC平台除了可以满足主流模特发型生成需求之外，还可以在模特发色上进行处理。如表8-5所示，列举了较为常用的发型中英文对照，在输入提示词时可以根据需求输入发型。

（一）发型生成步骤与效果

常用发型可根据男女性别分类，如表8-5、表8-6所示，分别列举了女式和男式常用发型与对应英文。基础发型我们可以通过提示词来生成，在Midjourney平台和Stable Diffusion平台都能够达到需要效果。在主流AIGC平台中Midjourney平台生成的模特相对真实性更高，对发型提示关键词反馈也更为准确，Stable Diffusion平台限制于大数据模型的训练样本数据，比较有限。

表8-5 女性常用发型中英文对照

序号	发型	英文	序号	发型	英文
1	波波头	Bob	8	卷发	Curls
2	短发	Pixie	9	波浪发	Waves
3	碎发	Shag	10	直发	Straight
4	长波波头	Lob (long bob)	11	马尾辫	Ponytail
5	分层发型	Layers	12	发髻	Bun
6	刘海	Bangs	13	辫子	Braids
7	前刘海	Fringe	14	发髻发式	Updo

表8-6 男性常用发型中英文对照

序号	发型	英文	序号	发型	英文
1	光头	Bald	8	蓬松卷	Curly Shag
2	寸头	Buzz Cut	9	尖刺头	Spiky
3	平头	Crew Cut	10	锅盖头	Bowl Cut
4	侧削	Undercut	11	莫西干发型	Mohawk
5	背头	Slick Back	12	蓬巴杜背头	Pompadour
6	飞机头	Quiff	13	脏辫	Dreadlocks
7	侧分	Comb Over	14	凌乱抓乱	Messy Tousled

如图8-21与图8-22所示，分别为同样发型提示词不同平台生成效果。图8-21提示词为“Young Asia female model with bob hair and Bangs, high-quality，4k”（年轻的亚洲女模特，波波头和刘海，高品质，4k），可以看出Midjourney平台（左）和Stable Diffusion（右）平台都对“波波头和刘海”这个发型特征进行了对应反馈。图8-22提示词为“Young Asia male model with Slick Back hair, white t-shirt high-quality，4k,”（亚洲年轻男模，留着背头，白色高品质T恤，4k,），同样可以看到Midjourney平台（左）和Stable Diffusion平台（右）对发型关键词“背头”也有对应反馈。

图 8-21 不同平台模特发型生成效果——波波头和刘海

图 8-22 不同平台模特发型生成效果——背头

（二）发色生成步骤与效果

虚拟模特的发色在Midjourney平台和Stable Diffusion平台都能够生成。如图8-23所示，在提示词中要求生成彩虹发色时，Midjourney平台（左）和Stable Diffusion平台（右）生成的图片都可以基本满足要求。

如需在生成图片基础上，进一步控制模特发色时，需使用到Stable Diffusion平台的Inpaint Anything功能。操作页面如图8-24所示。

图 8-23 不同平台模特发色生成效果——彩虹发色

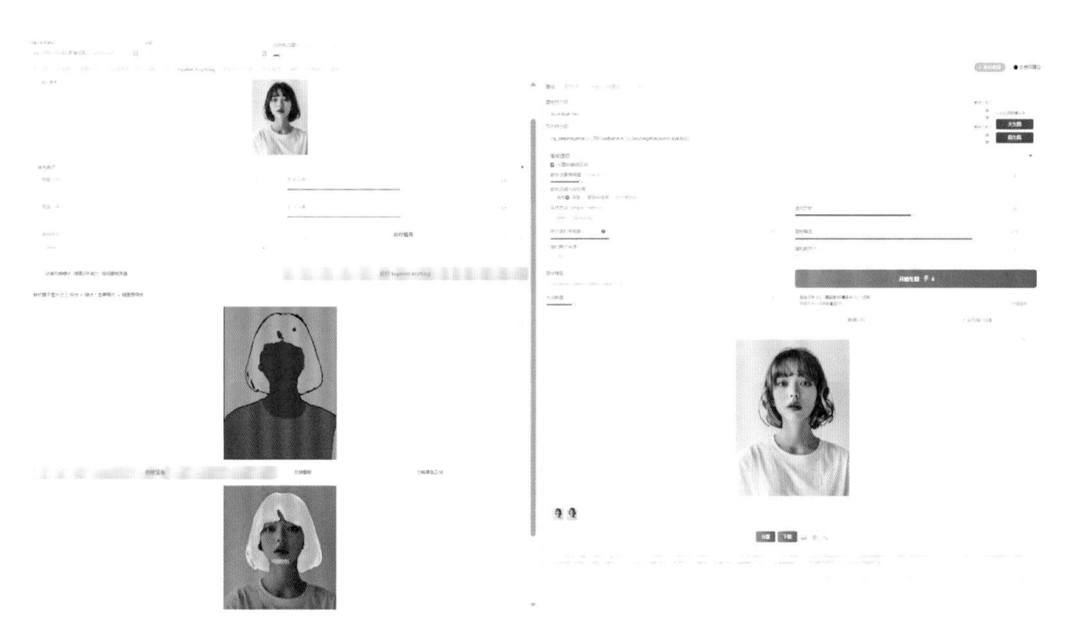

图 8-24 Inpaint Anything 功能操作页面

Inpaint Anything功能操作页面使用步骤如下：

第一步：选择Inpaint Anything功能。

第二步：页面左侧Segment Anything 模型 ID选择“sam_hq_vit_h”。

第三步：输入要更改发色的图片，这里选择的Midjourney平台生成波波头和刘海发型图8-25左一。

第四步：点击“运行 Segment Anything”，生成图8-25左二。

第五步：在生成图上点击发型区域色块，这里画笔点一个点在头发区域即可，不需要涂满。

第六步：点击“创建蒙版”，得到图8-25左三，可以看出蒙版基本覆盖了原图头发部。

第七步：在页面右侧选择输入正向提示词（Prompt）：“纯蓝色头发”。

第八步：输入负向提示词（Negative Prompt）：“ng_deepnegative_v1_75t, (badhandv4：1.2), Easy-Negative, (worst quality：2),”。

第九步：选择采样方法：“DPM++ 2M Karras”。

第十步：其他数值都默认不变。

第十一步：点击生成图片得到图8-25左四。

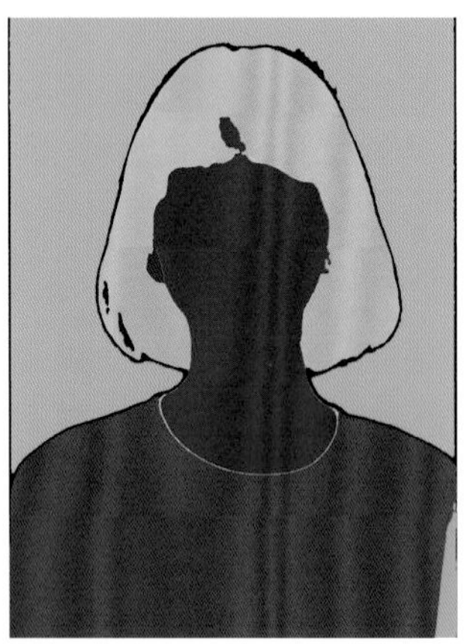

图 8-25 Inpaint Anything 插件生成过程图

同样步骤操作，可将已有彩色发色进行改变，如图8-26临近两图是不同生成效果。

图 8-26 Inpaint Anything 插件生成原图与成果对比图

第二节 虚拟模特姿势生成

随着深度学习在计算机视觉和图像处理领域的精确应用，在AIGC技术辅助下虚拟模特姿势的生成变得越来越成熟和高效。这些技术允许用户通过输入简单的指令或参考图像，自动生成具有特定姿势和动作的虚拟模特图像。

一、关键词指导模特姿势

（一）常用模特姿势

虚拟模特的姿势分类是一个多维度、多元化的领域，它涵盖了从室内到户外、从静态到动态的各种表现形式。如表8-7所示，列举了常用的模特姿势指令，有静态与动态的不同动作，也有针对身体不同部位的动作指令。在使用时，可以根据不同使用场景进行关键词输入，通过与环境的搭配，营造出更加生动、真实的场景氛围。例如输入“站立”“走秀姿势”“回头看”等姿势提示词，AIGC平台会自行生成相应模特图片。

表8-7 常用模特姿势指令

序号	动作	英文	序号	动作	英文
1	站立	Standing	16	手放在脸上	Hands on Own Face
2	单腿站立	Standing on One Leg	17	手臂放在头后	Arms Behind Head
3	走路	Walking	18	伸懒腰	Stretch
4	跑步	Running	19	伸出双臂	Outstretched Arms
5	跳跃	Jumping	20	回头看	Looking Back over Shoulder
6	跳舞	Dancing	21	向后看	Looking Back
7	招手	Waving	22	低头看	Looking Down
8	张开双臂	Spread Arms	23	抬头看	Looking Up
9	走秀姿势	Catwalk Pose	24	扶腿	Arm Support
10	双手上举	Armpits	25	叉腿	Crossed Legs
11	抬手	Arms_Up	26	打坐	Indian Style
12	双抬臂	Arms Up	27	跪姿	Kneeling
13	双手叉腰	Hands on Hips	28	跨坐	Straddling
14	靠在墙上	Against Wall	29	正坐	Proper Sitting
15	双手拢头发	Hands In Hair	30	侧坐	Sideways Sitting

如图8-27所示，Midjourney平台（左）和Stable Diffusion平台（右）分别对“站立”“回头看”两种姿势提示词进行了相应生成图片反馈。

图8-27 不同平台模特同指令姿势生成效果

（二）模特姿势生成步骤与效果

通过不同AIGC平台均可以通过关键词指导生成模特姿势，以“Catwalk（走秀）”关键词为例，在Midjourney平台与Stable Diffusion平台生成步骤如下：

在Midjourney平台选择“/imagine 文生图”功能，输入提示词“female model in white T-shirt and black pants catwalking on T-stage front view high-quality,4k, --ar 3∶4”（白T恤黑裤子T台正面视角走秀女模特，图片比例3∶4），可得四张走秀姿势图片，在其中选择最符合要求的一张图进行变化延展，得到四张相似的符合要求图片，最后选择一张放大即可得到图8-28左侧所示图片。为更准确生成需要图片，也可以上传一张符合要求的图片到“/describe 图生文 ”功能，点击提交后会出现四个文字段落描述上传图片，选择最贴合的一段文字复制到“/imagine文生图”功能里可以更为准确把控生成图片效果。如图8-28右侧图片即为通过左侧图片描述词生成的，基本保留了原图片特征的图片。

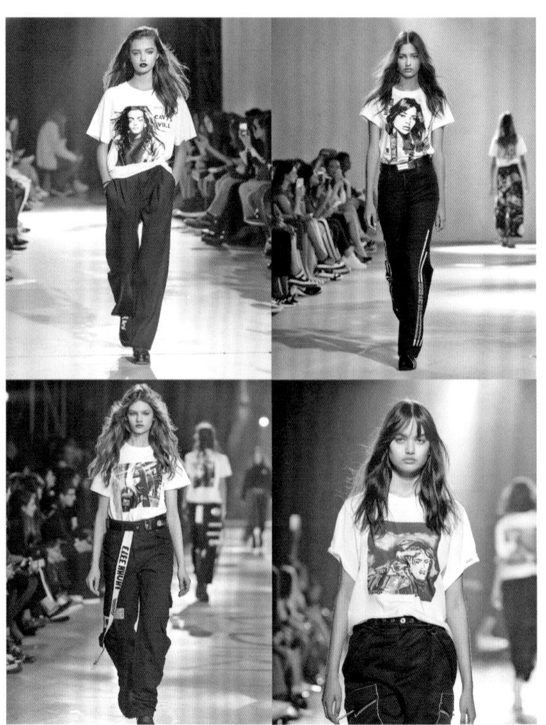

图8-28 Midjourney平台生成“走秀”图片效果

在Stable Diffusion平台选择大数据模型“LEOSAM Hello World新世界丨SDXL大模型”，输入正向提示词（Prompt）“female model in white T-shirt and black pants catwalking on t-stage front view high-quality, 4k”负向提示词（Negative Prompt）“ng_deepnegative_v1_75t,（badhandv4：1.2），EasyNegative,（worst quality：2），”，采样方法“DPM++ 2M Karras”迭代步数选择20，图片尺寸设置处输入1528×2032，点击生成图片即可得到图8-29。

图8-29 Stable Diffusion平台生成走秀图片效果

二、姿态（OpenPose）插件控制模特姿势

（一）姿态的基本原理与特点

姿态是一个用于实时多人姿态估计的开源库，由卡内基梅隆大学的研究团队开发。它利用卷积神经网络（Convolutional Neural Network，简称CNN）从输入图像中提取特征，并通过多阶段网络结构来检测和估计人体的关键点，包括头部、肩部、手肘、手腕、髋部、膝盖等，并识别不同的身体部位和动作。具体来说，它首先预测出身体各个关键点的置信度图，表示关键点的可能位置；同时预测部位亲和域（Part Affinity Fields，简称PAF），编码部位之间的关联程度；最后，通过解析置信度图和PAF，输出图像中所有人物的二维关键点，并连接这些关键点形成完整的姿态。

姿态作为一种基于深度学习的实时多人姿态估计库，其主要特点包括能够实现实时的姿态估计，同时处理图像或视频中的多个人体；能够检测丰富的关键点，包括身体、面部和手部等，提供全面的姿态信息。

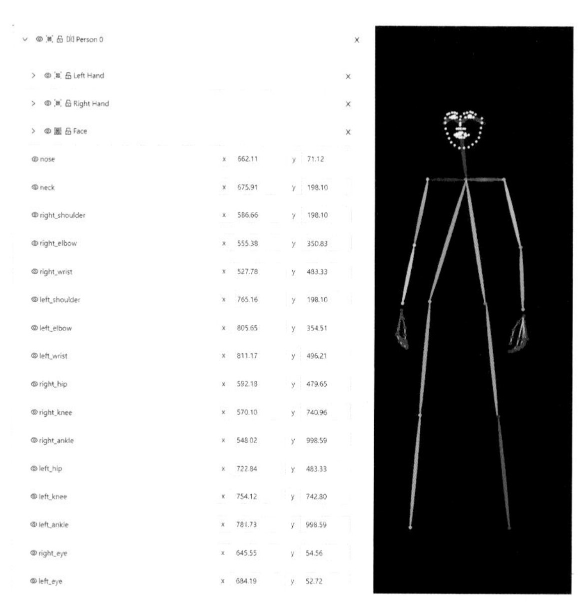

图8-30 姿态（Open Pose）控制点与骨架图

（二）姿态应用方法与案例

Stable Diffusion平台中的姿态是一个重要的插件，它主要用于人体姿态的识别和控制，使得Stable Diffusion在生成图像时能够参考特定的人体姿势。用户可以在Stable Diffusion中的姿态控制器处，通过上传一张包含特定人体姿势的参考图片提取出该图片中的人体关键点信息（即骨架图），然后点击生成新图像，此时生成的新图像会参考这些关键点信息，以生成具有相似姿势的图像。

通过姿态生成指定模特姿势的操作方法如下：

第一步：根据需求选择大数据模型（Checkpoint）。

第二步：输入正向提示词（Prompt）。

第三步：输入负向提示词（Negative Prompt）。

第四步：选择采样方法。

第五步：调整图片长宽比例。

第六步：启动ControlNet选择类型："姿态（OpenPose）"。

第七步：拖入骨架图。

第八步：选择预处理器"none"，模型选择"control_v11p_sd15_openpose"。

第九步：点击生成图片。

在不同使用场景下，可以通过调整骨架图来对应生成模特姿势。

在室内环境中，虚拟模特的姿势可以模拟坐姿或半身照匹配使用场景。如图8-31和图8-32所示，左侧图片为输入骨架图，右侧为通过姿态插件控制生成的对应模特姿势图，可以看出左右图片姿势基本一致。

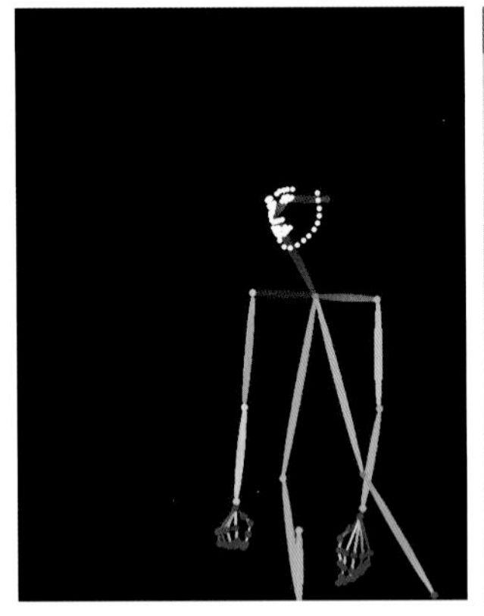

图8-31 不同模特姿势生成效果——室内坐姿

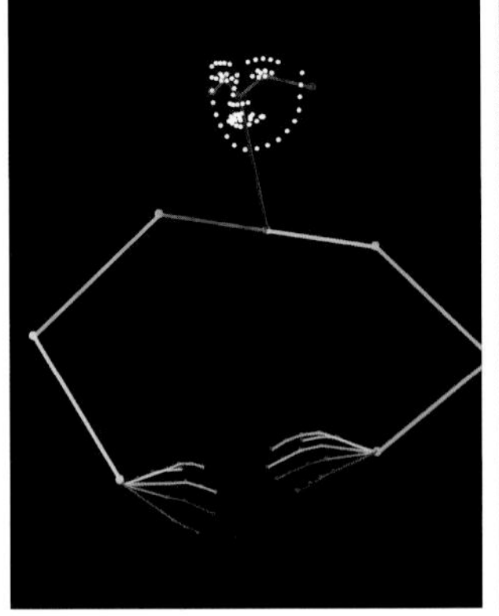

图8-32 不同模特姿势生成效果——半身照

在户外环境中，虚拟模特的姿势则可以匹配更多使用场景，如不同效果街拍图等。如图8-33和图8-34所示，左侧图片为输入骨架图，右侧为通过姿态插件控制生成的对应模特姿势图。为丰富图片效果，可以在提示词中适当加入包、球等物体名称。

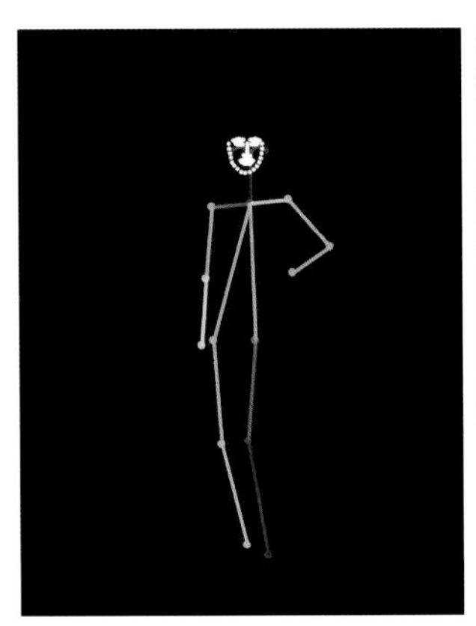

图8-33 不同模特姿势生成效果——室外街拍1

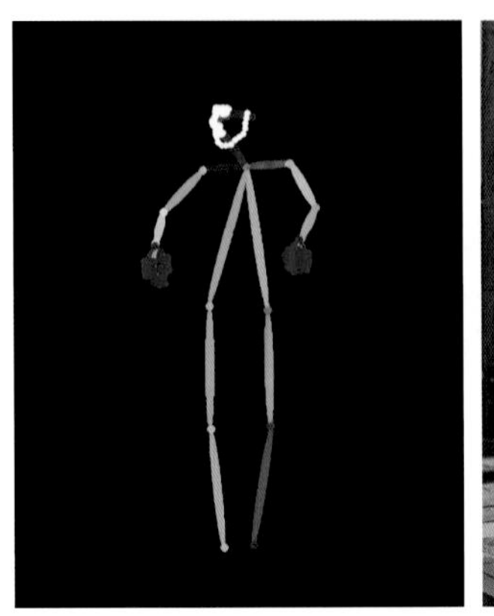

图8-34 不同模特姿势生成效果——室外街拍2

室内和户外的分类外，虚拟模特的姿势还可以从静态和动态两个角度进行划分。静态姿势注重模特的体态、表情和服装展示效果，通过精细的摆姿和构图来传达信息，展现出优雅、深沉或活泼等不同的气质。而动态姿势则强调模特的运动感和服装的适应性，通过捕捉模特在运动中的瞬间姿态，展现出服装的动态美感和穿着者的活力与自信。如图8-35和图8-36所示，左侧图片为输入骨架图，右侧为通过姿态插件控制生成的对应模特动态姿势图。

图8-35 不同模特姿势生成效果——动态走路

图8-36 不同模特姿势生成效果——动态T台走秀

除了单人姿势之外，多人骨架图可以控制生成多人姿势。如图8-37所示，当骨架图为4人时，可以控制生成同样姿势的四人模特，但由于技术原因，多人骨架图生成效果不可控，崩坏可能性较大，需要耐心多次生成，挑选可用图片。

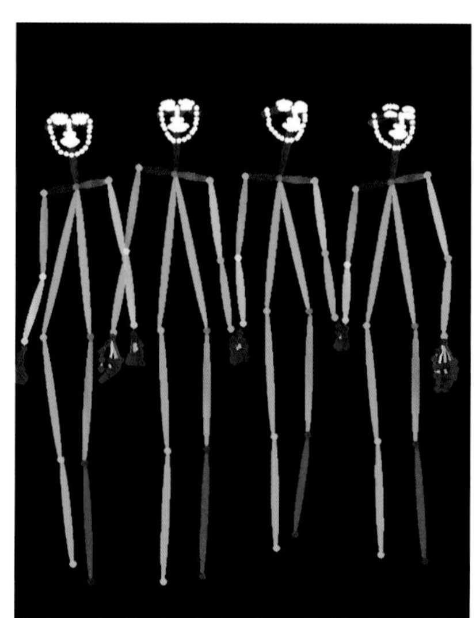

图8-37 不同模特姿势生成效果——多人共同画面

为满足更多使用场景，姿态可以结合其他插件一起为虚拟模特增加画面道具。这一功能在模拟生成运动场景时尤为关键。为生成滑板动作，骨架图只可以控制模特姿势，但模拟不出滑板道具，这时引入ControlNet另一个控制器插件“SoftEdge（软边缘）”，预处理器选择“pidinet”，模型选择“control_v11p_sd15_softedge”，即可得到模特加物体的轮廓图片，在此基础上辅助骨架图即可得到包括道具的生成图片。如图8-38所示，左侧图片为骨架图，中间为软边缘图，右侧为最终图片，可以看到基本上能够满足人物动作与道具使用动态姿势模拟。

同样操作可得图8-39骑行姿势模特图片。

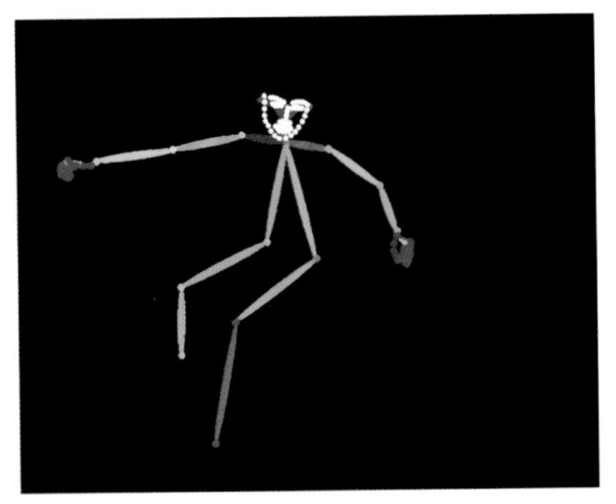
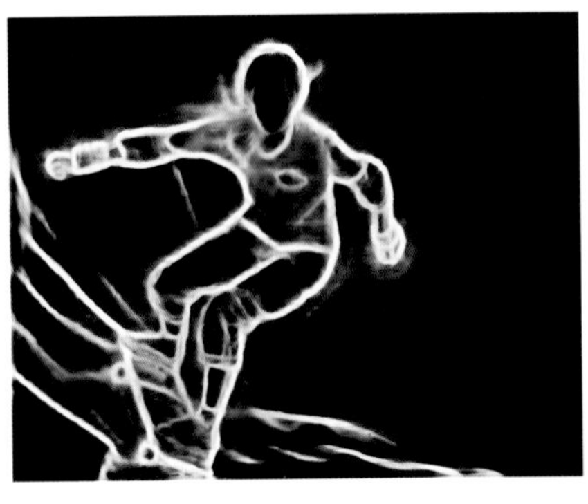

图8-38 不同模特姿势生成效果——滑板动态姿势

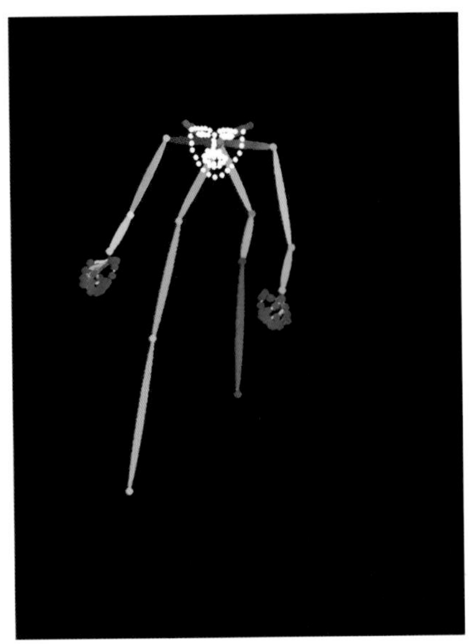
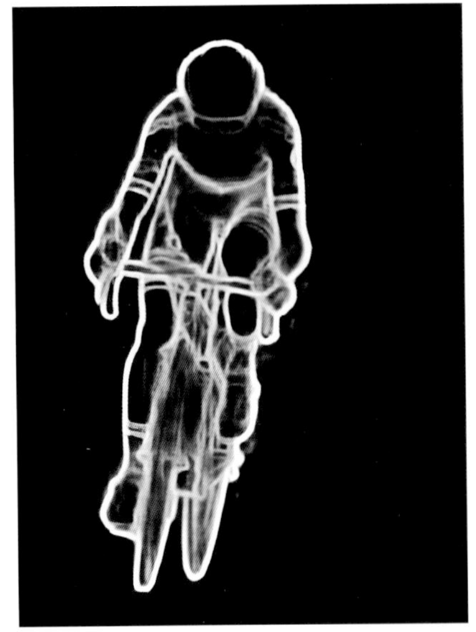

图8-39 不同模特姿势生成效果——骑行动态姿势

第三节 个性化模特定制

在这个追求个性化和差异化的时代，定制化的需求逐渐凸显。特别是在时尚和电商领域，个性化模特定制成为了一种新兴趋势。通过先进的AIGC技术，我们不仅可以打造出独一无二的模特形象，还能根据具体需求进行灵活的调整和优化。

一、定制模特的流程

在运用AIGC技术生成个性化模特定制时，大数据模型的选择对于实现高精度和高效率的生成至关重要。Stable Diffusion平台提供了多种大数据模型供用户选择，有偏向写实摄影且支持生成女性、男性、动物的"LEOSAM HelloWorld 新世界 | SDXL大模型"，加强写实风格的女生人像摄影的"majicMIX realistic 麦橘写实"和加强写实风格的男生人像摄影的"majicMIX alpha 麦橘男团"等，这些模型在生成虚拟模特方面具有不同的优势和特点。

如图8-40所示，设定模特基本形象、设定模特造型、设定模特大片情景、生成图片、出片后局部调整、最终输出与应用六个关键流程，涵盖了从基本形象设定到最终照片应用的全过程，确保了定制模特的生成能够满足用户在不同场景下的需求。在实际操作中可能还需要根据具体情况对流程进行调整和优化。

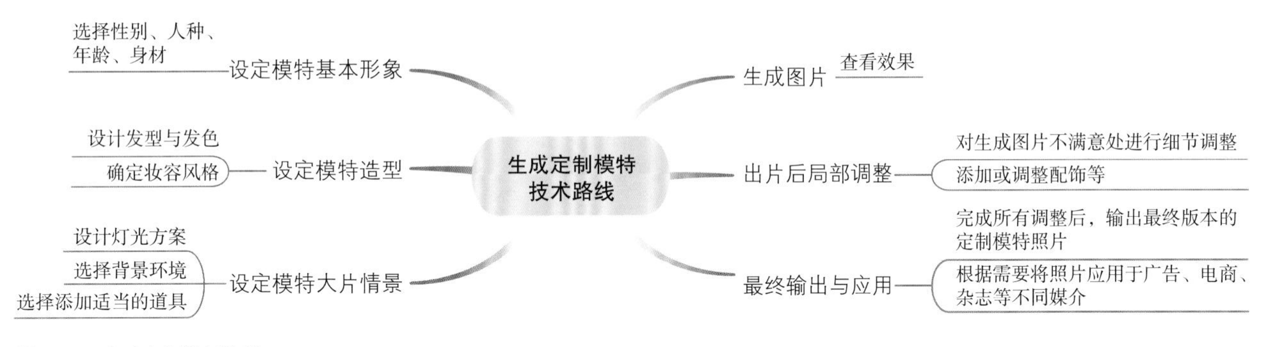

图8-40 生成定制模特流程

二、定制模特的步骤

为了增强定制模特流程的实践操作性，本章将通过一个详细案例对定制步骤进行系统演示。本次案例选取充分考虑了市场对新中式风格产品的迫切需求，案例中，我们设定模特需求为一位追求时尚与古典美相融合的成熟女性。她身着融合了中式图案、采用典雅色调以及丝绸棉麻等传统材质的新中式服饰，并搭配中式造型，淋漓尽致地展现了新中式风格中时尚与古典的完美结合。通过此案例，我们将详细展示定制模特的各个流程，以期为相关行业提供更具实用性的参考与指导。

（一）设定模特基本形象

基于定制模特需求设定模特基本形象如下：

性别：明确设定为女性；

人种：亚洲人；

年龄：设定在28~35岁；

身材：选择匀称且优雅的身材比例，展现东方女性的曲线美。

（二）设定模特造型

基于定制模特需求设定模特造型如下：

发型与发色：低盘发或丸子头，自然的黑色或深棕色发色；

妆容：淡妆强调知性与内敛的气质。

（三）设定模特大片情景

基于定制模特需求设定模特大片情景如下：

灯光方案：柔和且能突显模特和服装特点的灯光效果；

背景环境：选用古典园林、书房或茶室等中式元素丰富的背景；

道具：选择性添加中式茶具、书画、团扇等道具，营造文化氛围。

（四）生成模特图片

在模特面部特征多样化方面Midjourney平台生成图片效果表现更好，考虑到最终生成效果贴合性，先在Midjourney平台生成满意模特形象。

结合前期步骤模特设定，整合生成模特图片提示词为："新中式风格亚洲女性，28岁，低盘发，匀称优雅身材，穿着新中式旗袍墨绿色丝质旗袍，手持团扇，端庄微笑，站立在古典书画前，淡妆，眼部深邃，眉毛修长，自然红色或桃红色唇色。"

将以上提示词翻译为英文，添加控制图片比例后缀词后在Midjourney平台输入文字为"New Chinese style Asian female,28 years old,low updo,well-proportioned and elegant figure,wearing a new Chinese dark green silk long dress,holding a round fan,dignified smile,standing in front of classical painting and calligraphy, light makeup,deep eyes, slender eyebrows, natural red lip color, looking_down,looking_to_the_side, Cinematic Lighting,moody lighting, smile, china_dress, cheongsam, 1girl, idol, black hair, high-quality, 4k, --ar 3：4"，生成图片如图8-41左侧所示，选择其中一张放大，放大后如8-41右侧所示。

图 8-41 Midjourney 平台生成定制模特形象

将以上模特形象作为参考形象，在Stable Diffusion平台结合其他控制插件功能，生成步骤如下：

第一步：选择大数据模型（Checkpoint）："majicMIX realistic 麦橘写实_v7.safetensors"。

第二步：输入正向提示词（Prompt）："New Chinese style Asian female, 28 years old, low updo, well-proportioned and elegant figure, (wearing a new Chinese cheongsam dark green silk long dress：1.5), holding a round fan, dignified smile, standing in front of classical painting and calligraphy, light makeup, deep eyes, slender eyebrows, natural red or pink lip color,（full_shot：1.5）, looking_down,looking_to_the_side, Cinematic Lighting, moody lighting, smile, china_dress, 1girl, black hair,"。

第三步：输入负向提示词（Negative Prompt）："ng_deepnegative_v1_75t,（badhandv4：1.2）, EasyNegative,（worst quality：2）"。

第四步：选择采样方法："DPM++ 2M Karras"。

第五步：启动ControlNet，在ControlNet Unit0中加载右侧图片，选择类型："IP-Adapter"。

第六步：预处理器选择"ip-adapter_face_id"，模型选择"ip-adapter-faceid_sd15"。

第七步：在ControlNet Unit1中加载左侧图片，选择类型："姿态（OpenPose）"。

第八步：选择预处理器"openpose_faceonly (OpenPose 仅脸部)"，模型选择"control_v11p_sd15_openpose"。

第九步：在使用这一控制器时建议生成图片比例与参考图一致，需在ControlNet图片下方文字末点击蓝色向上箭头，生成图片比例会自动匹配参考图。

第十步：点击生成图片，如图8-42右侧图片所示。

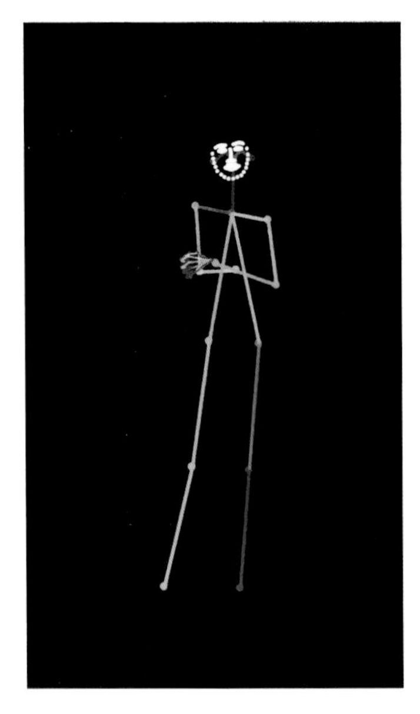

图8-42 Stable Diffusion平台生成定制模特形象

可以看到，通过控制器与提示词的多重作用下，生成图片基本还原了提示词中“新中式风格亚洲女性”“低盘发”“匀称优雅身材”“穿着新中式旗袍墨绿色丝质旗袍”“端庄微笑”“眉毛修长”“桃红色唇色”等特点。

（五）出片后局部调整

在实际使用中，往往需要对生成图片进行进一步处理，比如对不完美手指进行矫正或者更换服装、配饰等。基于生成图片在以下部位进行调整步骤如下：

第一步：选择Stable Diffusion平台Inpaint Anything插件。

第二步：页面左侧Segment Anything 模型 ID选择“sam_hq_vit_h”。

第三步：输入要修改的图8-42右侧图片。

第四步：点击“运行 Segment Anything”，生成图8-43左侧图片。

第五步：在生成图上点击服装区域色块，这里画笔留一个点在头发区域即可，不需要涂满。

第六步：点击“创建蒙版”，得到图8-43中间图片，可以看出蒙版基本覆盖了原图服装部分。

第七步：在页面右侧选择输入正向提示词（Prompt）：“Light Pink Silk Dark Pattern Cheongsam”。

第八步：输入负向提示词（Negative Prompt）：“ng_deepnegative_v1_75t,（badhandv4：1.2）, EasyNegative,（worst quality：2）”。

第九步：选择采样方法：“DPM++ 2M Karras”。

第十步：其他数值都默认不变。

第十一步：点击生成图片得到图8-43右侧图片。

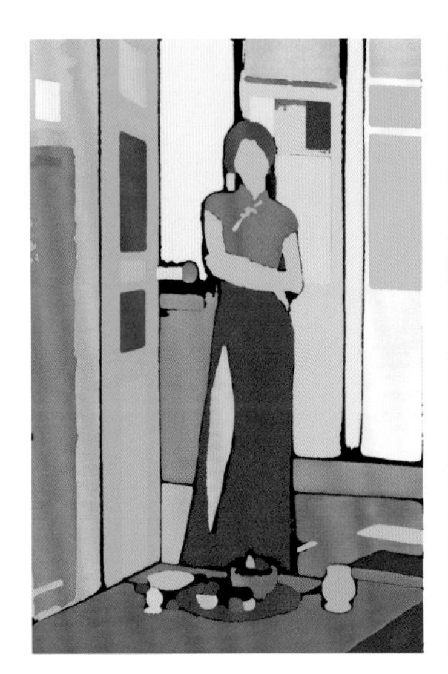

图8-43 Stable Diffusion平台局部调整模特形象

（六）最终输出与应用

经过以上调整后可将图片进行应用：

1. 输出展示照片

确保所有调整后，可输出高质量的定制模特照片。如图8-44所示，修改提示词后生成不同面料刺绣图案的模特图片，供商家展示产品。

图8-44 Stable Diffusion同一模特形象展示不同产品

2. 放置到不同应用媒介

根据市场需求，可将最终照片应用于电商广告、时尚杂志等传播媒介中。如图8-45所示，分别展示将生成图片展示到手机页面与电脑页面的效果。

图8-45 不同应用媒介展示模特产品效果

第四节 虚拟模特与时尚秀场

在时尚秀场的策划中，秀场场景示意图是至关重要的一环。它不仅为整个秀场定下了基调，还直接影响着观众对整场时尚秀的第一印象。AIGC技术可以辅助用于快速生成时尚秀场场景示意图，甚至可以创作出突破现实物理阻碍的虚拟秀场场景，以供设计师的作品以数字形式在其中展示。

一、时尚秀场场景生成

（一）传统秀场与AIGC时尚秀场

传统秀场设计步骤主要由明确主题风格、创意草稿绘制、材料选择、最终效果呈现示意图、光照与音响搭建方案等组成，是综合多个环节的复杂创作过程。从明确主题与风格开始，设计师通过绘制草图将创意转化为具体方案，随后根据设计方案选择材料并搭建实体舞台，最后配以恰当的光照与音响设计来突出服装质感和营造氛围，为最终走秀增添艺术气息。

相比于传统的时尚秀场，场景策划设计这种过程中需要耗费大量的时间和人力并且往往设计稿与最终实物仍旧会有一定差异的情况，运用AIGC技术生成时尚秀场景带来的高度灵活性和便捷性是十分显著的。通过AIGC平台，设计师可以在短时间内快速生成和调整秀场场景，将前期多重步骤直接压缩。他们可以根据反馈的调整建议自由添加、删除或修改场景元素，实时预览和测试不同色彩、纹理材质、光照的呈现效果。这意味着可以在短时间内尝试和比较多种场景设计方案，找到最佳的布局和氛围营造方式。这种高效的工作流程不仅节省了大量的时间和资源，还使设计师能够更加专注于创意和艺术性的发挥。

除了灵活性之外，AIGC时尚秀场景生成还提供了更加多样化和创新的表现方式。传统实景秀场受限于物理空间，很难实现一些科幻特殊效果。而AIGC技术则可以轻松打破这些限制，让设计师的想象力得到充分发挥。他们可以创造出令人惊叹的虚拟场景，为观众带来全新的视觉体验。

（二）AIGC时尚秀场景构成

运用AIGC技术快速生成秀场场景示意图，需要提供构成场景的关键提示词，这些提示词可由主题风格、纹理材质、颜色等部分构成。

1. 主题风格

设计师可以根据服装需求设定秀场主题风格，不同的风格将更好地服务服装展示过程。秀场场景风格分类有自然主题风格、抽象主题风格、科幻主题风格以及人文主题风格等。近年来有代表性的例如冰雪主题、星辰主题、野生动物主题、镜像世界、未来城市等，主题风格各具特色。如图8-46所示从上至下分别为东方禅意风格、自然风格和未来科技风格秀场场景图，充分展现了时尚秀场的多样性和创新性。

2. 纹理材质

组成秀场场景的纹理材质很大程度上能够影响秀场质感，尤其是不常见的特殊纹理材质的引入能够给秀场带来耳目一新的效果。即使是同一主题，不同的纹理材质也能让秀场呈现不一样的视觉体验。在运用提示词生成秀场场景图片时，如图8-47所示，当主题风格定为“奇幻海底世界”时，分别运用纹理材质提示词“毛毡，蓬松，花哨，羊毛”和“泡沫橡胶，闪闪发光，多孔”时，得出的图片效果有较大不同，左边的图片偏向展示童话般柔软而温暖的服装效果，而右边则更适合展示精致华丽神秘的服装。

3. 颜色

秀场场景设定颜色时，在“赤橙黄绿青蓝紫”这些基于色相的色彩提示词外，也可以使用生活中通俗命名的色彩提示词来满足设计需求，如焦糖色、金属偏光、耀眼的色彩、黯淡的色彩、大地色调、喜庆的色彩、电光色、霓虹色等。当将同一主题替换色彩提示词时，可得到完全不同的效果。如图8-48所示，同样主题风格“奇幻海底世界”情景下，将色彩提示词替换成“粉色梦幻色彩”，保持其他提示词不变，场景生成以下效果。

图8-46 不同主题风格秀场场景图

图 8-47 同主题不同纹理材质秀场场景图

图 8-48 同主题同纹理材质不同颜色秀场场景图

二、时尚秀场光照生成

光照在时尚秀场中扮演着举足轻重的角色。它不仅能突出服装的细节和质感，还能与场景、音乐等元素相互辉映，共同营造出令人难忘的时尚氛围。光照设计需根据服装的款式、颜色和材质来定制，如流苏裙摆的动感可以用追光灯来强化，而丝绸面料的华丽则可以通过柔和的侧光来展现。

（一）光照分类与特点

秀场光照可以分为多种类型，从光源来源上可分为自然光如阳光、月光、星光等，人造光如电光、霓虹灯等；此外，从光照效果上可按照明亮度进行分类，包括高调照明、低调照明、软光和硬光等。这些分类共同构成了秀场光的丰富多样性，让我们能够感受到不同场景下的不同氛围和效果。通过不同的提示词可以得到不同的舞台光照效果图片，如表8-8所示，列举了常用光照英文与对应中文解释。

表8-8 常用模特姿势指令

序号	中文	英文	序号	中文	英文
1	环境光	Environmental light	14	摄影棚照明	Studio Lighting
2	氩气闪光	Argon gas flash	15	硬光（摄影术语，指光线方向性强，阴影明显）	Hard Lighting
3	生物发光	Bioluminescence	16	软光（摄影术语，指光线柔和，阴影不明显）	Soft Lighting
4	漫射光	Diffused Light	17	高调照明（摄影术语，指画面整体亮度较高）	High Key Lighting
5	蜡烛照明	Candlelit	18	低调照明（摄影术语，指画面整体亮度较低）	Low Key Lighting
6	直接阳光	Direct Sunlight	19	主光（摄影术语，指照亮主体的主要光源）	Key Lighting
7	阳光光束	Sunbeams	20	散焦（摄影术语，也指焦外成像效果）	Bokeh
8	星光	Starlit	21	黄金时刻（摄影术语，指日出或日落时柔和的光线）	Golden Hour
9	月光	Moonlight	22	闪烁（指光泽或闪光效果）	Glitter
10	自然光	Natural Lighting	23	造型照明	Form Lighting
11	萤火虫灯	Firefly Lights	24	正面照明	Frontal Lighting
12	摩擦发光	Triboluminescence	25	霓虹灯	Neon Lights
13	电致发光	Electroluminescence	26	仙女灯（装饰性小灯）	Fairy Lights

（二）光照控制与效果

AIGC技术对秀场生成光照控制可以从两个方面进行即以文生图和以图生图，以下是生成方式与效果展示。当我们选择以文生图时，可以根据想要的效果进行语言描述，将文字输入Midjourney平台。为更好的体现光照对秀场的影响，本次选择减少其他提示词，突出场景本身。当输入提示词“Fashion Show Stage, Prominent Model Walking stage, Porcelain, Satin, Moonlight, Polystyrene, Palladian Interior Design, Candlelit --ar 16：9”（时装秀舞台、著名模特走秀舞台、瓷器、缎面、月光、聚苯乙烯、帕拉第室内设计，画面比例16：9）后，得到如图8-49所示效果，可以看到基本对提示词中关键词都有所体现。

图 8-49 控制光照秀场场景图

选择其中右上角图进行扩展，镜头拉远1.5倍可得图8-50上方图片。将其作为输入图运用图生图功能进一步精细控制，添加如图8-50中间图的蒙版，并辅助文字提示词“Bioluminescence ground”（生物发光地面）后，可得图8-50下方图片。从图片演变中可以看出，AIGC平台基本满足了想要的光照效果。

图 8-50 局部控制光照秀场场景图

三、时尚秀场场景生成步骤

为了凸显时尚秀场场景生成步骤的实践操作性，本节将通过一个详细案例对场景生成步骤进行演示。本次案例的选取同样考虑了市场对新中式风格服装产品的需求，案例中，我们设定时尚秀场的场景需求为“展现古典与时尚结合的新中式女装秀场，希望有竹林元素呼应服装设计，整体颜色以自然绿色为主，营造神秘东方美学”。基于以上需求运用AIGC技术快速生成秀场场景示意图，可通过以下步骤进行。

（一）设定秀场主题风格、纹理材质、颜色、光照

分析需求后，根据新中式设定，秀场主题风格整体选择神秘中国风；纹理材质选用选择亚克力玻璃材质，以期通过反射透光来营造多重空间视错觉，契合需求中“古典与时尚结合”的设定，引人联想时空重叠；颜色上顺从需求选择蓝绿色色调，其中蓝色部分的添加平衡了绿色带来的过于生机勃勃的气质，为秀场增添沉静氛围，更匹配主题；光照上选择月光为主，此处避免过于明亮的光照破坏整体气质。

（二）根据设定选择指令关键词并生成场景图片

基于以上分析，选择指令关键词为“In the passage separated by the quiet glass bamboo forest, there is fog and blue-green light, and models walking in it can be vaguely seen, the Oriental Cheongsam Show. Mystery, Big Show, Runway Show, Fashion Week, Moonlight, Zen Interior Design, Glitter --ar 16：9”（安静的亚克力玻璃与竹林隔开的通道中，雾气缭绕，蓝绿光闪烁，隐约可见模特行走在其中，东方旗袍秀。神秘、大型秀、T台秀、时装周、月光、禅宗室内设计、闪光，图片比例16：9），输入Midjourney平台后得到图8-51，基本能够将关键词进行体现。

图8-51 指定需求生成秀场场景图

（三）对场景局部内容进行调整

在上一步骤基础上，选择最为贴合的右上角图片进行放大，将镜头拉远2倍可得图8-52左侧图片，可以看到通过拉远镜头舞台整体效果基本能够呈现在眼前，但竹林部分有些过于昏暗，稍显压抑。为改变这一状况，需要在原图基础上为竹林添加光照。调整部位如图8-52右侧图所示，将竹林上方添加蒙版后，将图片返回到Midjourney平台重新生成。

图8-52 指定需求生成秀场场景图调整过程

（四）最终呈现效果

调整后最终呈现效果如图8-53所示，基本满足了最初“展现古典与时尚结合的新中式女装秀场，希望有竹林元素呼应服装设计，整体颜色以自然绿色为主，营造神秘东方美学”设定需求。

图8-53 指定需求生成秀场场景图最终效果

后记

时光如梭，从选题策划、大纲梳理、内容撰写、版式设计，到撰写后记，感觉就是一瞬间的事。但其中诸多的各方人员、团队、单位的协调、沟通和努力也都历历在目。

毋庸置疑，人工智能是当前各类学术活动、媒体报道中最耀眼的主角。从家具设计到环境设计，再到时尚设计的各个领域，人工智能都以其强大的能力和独特的特性，为时尚产业和设计领域带来了前所未有的变革。这激发了我对人工智能设计领域研究的热情，同时也促成我策划和撰写本书的想法。

2023年夏天，本人策划了旨在培养具备数字化和人工智能设计能力的服装设计和研究专业人才的“‘华夏衣裳·唐风’中国传统服饰三维数字复原设计培训和设计大赛”项目。该活动的成功实施，不仅为后续的研究积累了经验，也让我有机会将生成式人工智能引入到服装设计项目中。尤其是在最近一些设计实践中，我发现生成式人工智能在服装设计上的表现，在一定程度上可以突破人工手绘的局限，生成出更加具有丰富视觉效果和独特创意的优秀设计作品。

受此鼓舞，我决定撰写一本关于生成式人工智能服装设计的专业书籍。为了确保书籍内容的专业性、权威性和学术性，我邀请了清华大学美术学院校友崔苗、毕然、邓云，以及北京服装学院丛小棠老师，共同撰写。我们分工明确，充分发挥各自的专业优势。在撰写过程中，我们坚持以读者为中心，几易其稿、精益求精，注重读者的阅读体验和实际应用价值，不断对内容进行推敲、优化和完善。力求让每一个章节都具有实用性和可操作性。可以说，本书内容呈现了我们对生成式人工智能服装设计领域的认知、实践、反思与期待。我们有意愿和各界人士一起，共同探索设计的无限可能，推动服装设计行业的发展与进步。

这本书是本人主编和合作撰写的第一本关于人工智能服装设计的图书，未来我将在这个领域继续深耕，积极投身于人工智能领域的设计实践与学术探索。在学术探索的征途中，每一步前进都离不开团队的共同努力与智慧碰撞。在此，特别感谢东华大学出版社陈珂社长、周德红总编辑的支持，感谢东华大学期刊中心马文娟老师的鼎力支持与合作，让五本“服装史论丛书”、一本“中国最美服饰丛书”，以及一本《宣物存形》等著作得以问世。展望未来，本人满怀信心与期待，将继续深化研究，拓宽视野，努力在服装设计、历史、美学及文化传承等领域取得更加精彩的成果！

见字如面，再一次感谢大家的支持和帮助！

写于清华大学美术学院

2024年11月22日